钢与混凝土组合结构理论与应用

徐 杰 著

中国水利水电出版社
www.waterpub.com.cn
·北京·

内 容 提 要

钢与混凝土组合结构具有承载力高、自重轻、截面尺寸小、抗震性能好等优点,广泛应用于高层建筑中。本书在阐述钢与混凝土组合结构的基本概念的基础上,以现行规范、规程、标准为依托,结合最新研究成果,对钢与混凝土共同工作性能、组合楼板、钢与混凝土组合梁、型钢混凝土组合结构、钢管混凝土组合结构、组合节点的设计及其工程应用等内容展开系统、全面、深入的讨论研究。全书着眼于工程应用,可作为高等院校土木工程专业学生的辅导资料,也可作为从事土木工程设计和施工技术人员的参考用书。

图书在版编目(CIP)数据

钢与混凝土组合结构理论与应用 / 徐杰著. -- 北京:
中国水利水电出版社,2020.4 (2021.7重印)
ISBN 978-7-5170-8464-8

Ⅰ.①钢… Ⅱ.①徐… Ⅲ.①钢筋混凝土结构—研究
Ⅳ.①TU37

中国版本图书馆CIP数据核字(2020)第044398号

责任编辑:陈 洁　　　　封面设计:邓利辉

书　　名	钢与混凝土组合结构理论与应用 GANG YU HUNNINGTU ZUHE JIEGOU LILUN YU YINGYONG
作　　者	徐 杰 著
出版发行	中国水利水电出版社 (北京市海淀区玉渊潭南路1号D座　100038) 网址:www.waterpub.com.cn E-mail:mchannel@263.net(万水) 　　　　sales@waterpub.com.cn 电话:(010)68367658(营销中心)、82562819(万水)
经　　售	全国各地新华书店和相关出版物销售网点
排　　版	北京万水电子信息有限公司
印　　刷	三河市华晨印务有限公司
规　　格	170mm×240mm　16开本　15.25印张　271千字
版　　次	2020年6月第1版　2021年7月第2次印刷
印　　数	3001—4500册
定　　价	69.00元

前　言

钢与混凝土组合结构是继钢结构和混凝土结构之后发展起来的新型结构，它综合了钢结构和混凝土结构的优点，具有承载能力高、刚度大、延性和抗震性能好等优点，并且自重较轻、节省材料，便于装配，符合工程结构的发展方向。目前，钢与混凝土组合结构在建筑及桥梁工程等领域得到了广泛应用，取得了良好的经济效益和社会效益。

本书根据我国最新颁布的组合结构相关规范和规程撰写而成。全书分七章，分别对组合结构基本概念、钢与混凝土共同工作性能、压型钢板混凝土组合楼板设计、钢与混凝土组合梁设计、型钢混凝土结构组合设计、钢管混凝土组合结构设计、组合结构节点设计进行了系统分析。撰写的过程中，在强调内容的系统性、先进性和适用性的前提下，主要讲述计算理论、设计方法和构造措施，力求做到由浅入深、循序渐进、重点突出，以便于读者的阅读和理解。书中还有具体的工程实例，能让读者更好地理解和掌握其中的设计原理。

全书内容丰富，逻辑结构合理，理论与实践相结合，实用性强，既可以作为普通高等院校土木工程专业学生的辅导资料，也可以作为土木工程相关工程技术人员的参考用书。

在撰写本书的过程中，作者得到了众多专家学者的热心指导和大力支持，同时参考了大量国内外最新的学术文献，在此向相关专家学者以及所参考文献的作者表示诚挚的谢意。本书的出版受山东自然科学基金（ZR1315310273）、山东省墙体革新与建筑节能科研开发项目（2012QG008）、济南市高校自主创新计划（201202081）和山东建筑大学博士基金（XNBS1207），国家自然科学基金项目（51478254、51878397 和 51878399）的资助。

作者水平有限，加之时间仓促，书中难免有疏漏和不足之处，恳请同行业专家学者及广大读者朋友批评指正。

作者

2019 年 12 月

目　录

第一章　绪论

钢与混凝土组合结构是一种新型的组合结构，现已成为与传统的四大结构(钢结构、木结构、砌体结构和钢筋混凝土结构)并列的第五大结构。本章主要是对组合结构的概念、分类、特点、设计原则以及发展与应用进行简要阐述。

第一节　组合结构的概念

由两种或者两种以上性质不同的材料组合成整体，共同受力和协调变形的结构，称为组合结构。钢与混凝土组合结构主要是由钢材与混凝土材料组合而成，是一种应用广泛的组合结构，它充分发挥了钢与混凝土两种材料的优良特性：钢材具有良好的抗拉强度和延性，而混凝土则具有优良的抗压强度和刚度，并且混凝土的存在提高了钢材抵抗整体和局部屈曲的能力。由这两种材料组合而成的组合结构在地震作用下具有良好的刚度、强度、延性以及耗能能力。

一般来说，含有钢结构和混凝土构件的组合结构，称为钢与混凝土组合结构。当竖向承重构件和横向承重构件都为钢和混凝土组合构件时，可称为全钢与混凝土组合结构。组合结构包括多种结构体系的组合，如在高层和超高层建筑中经常采用的组合筒体与组合框架所形成的组合结构体系、巨型组合框架体系等。

第二节　组合结构的分类与特点

一、组合结构的分类

组合结构大致可以分为：钢与混凝土组合梁、压型钢板混凝土组合楼板、型钢混凝土组合结构和钢管混凝土组合结构等，并且每一种组合结构都有各自的特点。

（一） 钢与混凝土组合梁

钢与混凝土组合梁是由钢梁和楼板通过剪力连接件而组成。混凝土楼板有现浇混凝土板、预制混凝土板、压型钢板组合板等。钢梁与楼板间通过栓钉连接件连成整体，保证钢梁与楼板共同工作，如图1-1所示。

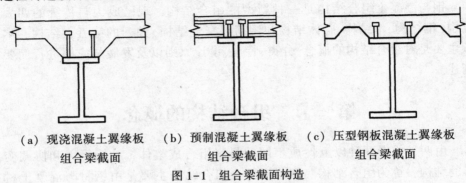

（a） 现浇混凝土翼缘板　　（b） 预制混凝土翼缘板　　（c） 压型钢板混凝土翼缘板
　　　组合梁截面　　　　　　　　组合梁截面　　　　　　　　　组合梁截面

图1-1　组合梁截面构造

（二） 压型钢板混凝土组合楼板

压型钢板混凝土组合楼板是在带有各种形式的凹凸肋或各种形式槽纹的钢板上浇混凝土而制成的组合楼板，它是依靠各种凹凸肋或各种形式的槽纹将钢板与混凝土连接在一起的，如图1-2所示。

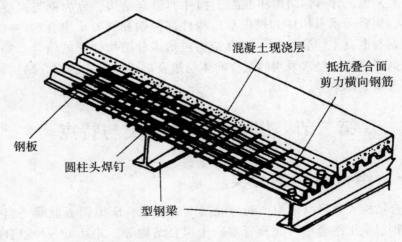

图1-2　压型钢板混凝土组合楼板

（三）型钢混凝土组合结构

型钢混凝土组合结构构件是由型钢、纵筋、箍筋及混凝土组合而成的，其核心部分为型钢结构构件，其外部则为以箍筋约束并配以适当的纵向受力钢筋的混凝土结构。型钢混凝土组合结构一般主要可分为两类，即实腹式型钢混凝土结构和空腹式型钢混凝土结构。

型钢混凝土梁和柱是型钢混凝土结构的基本构件，常用截面形式如图1-3所示。

型钢与混凝土的黏结力远远小于钢筋与混凝土的黏结力（约为45%），两者如要共同工作则需多配置足够抗剪连接件，否则需要考虑两者间的黏结滑移。

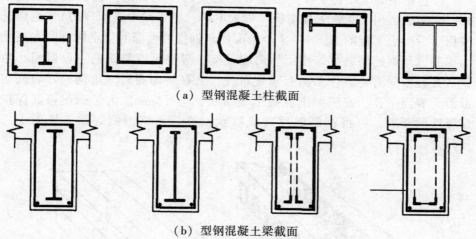

（a）型钢混凝土柱截面

（b）型钢混凝土梁截面

图1-3 型钢混凝土构件截面图

（四）钢管混凝土组合结构

钢管混凝土组合结构构件是指用混凝土填入薄钢管内形成的结构构件，钢管混凝土组合结构是指其主要构件采用钢管混凝土杆件所组成的结构。目前，在工程中应用最多的是钢管混凝土柱，其截面形式有圆形、矩形、方形、多边形等，用得最多的是圆形，如图1-4所示。

钢管混凝土组合结构的共同工作主要是依靠钢管与混凝土的相互约束、层间横隔板等形成。

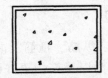

（a）圆形钢管截面（b）长方形钢管截面（c）正方形钢管截面（d）多边形钢管截面

图 1-4　钢管混凝土柱的截面形式

（五）其他组合结构

除了以上组合结构外，还有外包钢混凝土结构、预应力钢混凝土组合结构等。这里主要简述外包钢混凝土结构。

外包钢混凝土结构主要是指外部配置型钢（主要是角钢）的混凝土结构，它不但适用于新建工程结构（如火电厂、化工厂等工业厂房），也广泛应用于混凝土工程的加固中。4 个角部用角钢代替钢筋混凝土构件的主要受力钢筋，角钢之间通过焊接缀件形成骨架，缀件可以是钢筋也可以用小角钢，并且根据需要缀件不但有竖直布置，也有斜向布置。角钢的外表面与混凝土表面平齐，或稍突出混凝土表面 0.5～1.5mm。为了满足箍筋保护层厚度的要求，可将箍筋两端镦成球状，再与角钢内侧焊接，如图 1-5 所示。

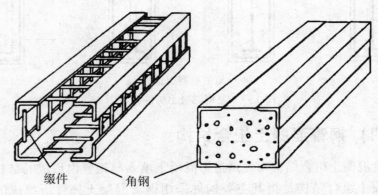

缀件　　　角钢

图 1-5　外包钢混凝土构件及其截面形式

既有工程加固采用的外包钢混凝土结构主要是指在结构构件的外表面通过胶粘剂粘贴钢板、角钢或槽钢，利用胶粘剂的粘贴作用使外包型钢与内部既有混凝土协同工作。为了保证加固构件的外观和提高外包构件的耐久性和防火性能，通常在外粘型钢的外面浇注混凝土或水泥砂浆面层。目前工程中常见的外包钢加固形式有两种，即外粘型钢加固和外粘贴钢板加固。

外包钢混凝土结构具有以下优点：

（1）承载能力高。外包的角钢骨架对内部混凝土起约束作用，混凝土处于三向受压状态，使得其抗压强度得到提高，因此极限承载能力增大。

（2）延性好。外包钢混凝土结构与普通的型钢混凝土结构一样，由于配置有较多的型钢，构件的抗震性能和延性均较好，即使是发生剪切破坏的外包钢混凝土构件，仍具有良好的变形能力。

（3）连接方便。外包钢混凝土结构由于型钢外露，可直接在角钢骨架上焊接中、小型钢附件，而且焊接质量容易保证。

（4）构造简单。外包钢混凝土结构中不需另外配置任何纵向钢筋以及预埋件（大型预埋件除外），有利于混凝土的浇筑密实，也有利于采用高强度等级混凝土，以减小构件截面尺寸，便于构件规格化，简化了设计和施工。

（5）使用灵活。外包角钢与箍筋或小角钢焊接成骨架后，本身就具有一定强度和刚度，在施工中可用来直接支承模板，并承受一定的施工荷载，既方便了施工、加快了施工速度，又节约了材料。

（6）经济指标好。工程实践表明，与钢结构相比，外包钢混凝土结构可节省钢材 30%～50%；和钢筋混凝土结构相比，钢材用量基本相当，但可节省混凝土 50%，降低造价约 35%。

二、组合结构的特点

（一）钢与混凝土组合梁的特点

在钢与混凝土组合结构中，混凝土受压，钢梁受拉与受剪，克服了钢梁易整体失稳的弱点，强度和刚度也显著提高，受力合理，材料利用更加充分。

（1）与混凝土结构相比，组合梁比钢筋混凝土梁节约混凝土，减轻结构自重且截面高度小。

（2）与钢结构相比，组合梁能合理地利用材料，充分发挥钢和混凝土各自的材料特性，节约钢材 20%～40%。

（3）钢梁在施工阶段可以作为混凝土板支承，能有效简化施工工艺。

（二） 压型钢板混凝土组合楼板的特点

压型钢板混凝土组合楼板利用混凝土受压，并用压型钢板代替板中受拉钢筋受拉，两种材料各自发挥优势，不但受力更加合理，而且结构造价也得到了有效降低。

（1）施工工期短。压型钢板作为混凝土楼板的永久模板，取消了现浇混凝土所需的模板与支撑系统，免除了支模和拆模的施工工序，加快了施工进度，缩短了施工工期。

（2）利于基础处理。由于压型钢板混凝土组合楼板的自重轻，减小了结构作用效应，从而使梁、柱截面尺寸减小，有利于设计更加经济合理的地基与基础。

（3）增加结构的抗震性能。组合楼板不仅增强了竖向刚度，而且压型钢板组合楼板和钢梁对混凝土楼板起着加劲肋的作用，因而具有很好的抗震性能。

（三） 型钢混凝土组合结构的特点

型钢混凝土组合结构的特点是构件含钢率增加、承载力更高、构件截面减小、刚度大大提高，结构延性好，抗震性能更加优良。

与钢结构相比，型钢混凝土组合结构具有以下优点：

（1）耐火性和耐久性好。包裹在型钢外的钢筋混凝土，可取代型钢外所涂的防锈和防火涂料，由于混凝土的蓄热较大，可以提高构件的耐火性能，同时也提高了构件的耐久性。

（2）受力合理，节约钢材。采用型钢混凝土组合结构能有效节约钢材。

与混凝土结构相比，型钢混凝土组合结构具有以下优点：

（1）整体工作性能好。型钢骨架与外包钢筋混凝土形成整体，共同受力，整体性能好。

（2）构件截面延性好，抗震性能优良。由于构件中型钢的作用，型钢混凝土组合结构的延性远高于钢筋混凝土结构，使得该种结构极其适用于抗震设防要求较高的地区。

（四） 钢管混凝土组合结构

在钢管混凝土组合结构中，钢管约束混凝土，使得混凝土由单向受压变为三向受压（图1-6），使混凝土强度和延性大大提高，钢管主要承受环向拉力，避免了薄壁钢材容易失稳的特点。所以，钢管混凝土组合结构受力更为合理，承载力更高，延性更好，抗震性能更加优良。

（1）构件承载力高。当钢管混凝土构件轴心受压时，由于产生紧箍效应，核心混凝土的强度大大提高，而钢管也能充分发挥强度作用，因而构件的抗压承载力高。

（2）经济效益显著。与钢结构相比，可节约钢材 50% 左右，造价也可降低。

（3）施工方便，可大大缩短工期。

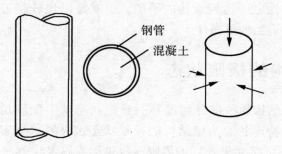

图 1-6 钢管混凝土的三向应力作用

钢管混凝土结构也存在节点构造较为复杂，防腐蚀、防火性能较差等缺点，目前国内外学者已进行了大量的研究并提出了相应的改进方法。

第三节 组合结构设计的一般原则

组合结构必须满足安全性、适用性和耐久性的功能要求。为了寻找结构的可靠性与经济性二者之间的最佳统一，组合结构设计原理及方法也在不断改进。

在我国，钢与混凝土组合结构设计的基本原则与钢结构、混凝土结构一样，也应遵守《建筑结构可靠性设计统一标准》（GB50068—2018）（以下简称《统一标准》）的要求。

一、组合结构的功能要求

组合结构的功能应该满足以下三方面的要求：

（1）安全性。即结构在正常施工和正常使用时，能承受可能出现的各种作用（如荷载、外加变形、约束变形等），且在设计规定的偶然事件（如地震、爆炸、撞击等）发生时及发生后，仍能保持必需的整体稳定性。

（2）适用性。即结构在正常使用时具有良好的工作性能。

（3）耐久性。即结构在正常维护下具有足够的耐久性能。

上述对结构安全性、适用性、耐久性的要求统称为结构的可靠性。结构的可靠性与经济性是相互矛盾的，结构设计的主要目的就是解决这一矛盾。增大结构设计的安全余量可以提高结构的可靠性，但却使其经济效益降低。好的设计应该在完成预定功能的同时，还能尽量降低其成本及维修费用，加快施工速度及资金回收速度，提高经济效益。科学的设计方法是在可靠性和经济性之间达到最佳的平衡，也就是以比较经济合理的设计方法确保结构具有适当的可靠性。

二、结构的极限状态

整个结构或结构的一部分超过某一特定状态就不能满足设计规定的某一功能要求，此特定状态为该结构的极限状态。极限状态实质上是结构可靠（有效）或不可靠（失效）的界限，故也称为界限状态。

（一）承载能力极限状态

这种极限状态对应于结构或结构构件达到最大承载能力或不适用于继续承载的变形。当结构或结构构件出现下列状态之一时，应认为其超过了承载能力极限状态：

（1）整个结构或结构的一部分作为刚体失去平衡（如阳台、雨篷的倾覆等）。

（2）结构转变为机动体系。

（3）结构或结构构件丧失稳定。

（二）正常使用极限状态

这种极限状态对应于结构或结构构件达到正常使用或耐久性能的某项规定限值。当结构或结构构件出现下列状态之一时，应认为其超过了正常使用极限状态：

（1）影响正常使用或外观的变形。

（2）影响正常使用的振动。

（3）影响正常使用的其他特定状态。

三、极限状态的设计表达式

极限状态设计方法，通常以 R 代表结构抗力，指结构或构件承受作用效应的能力，它取决于材料性能和结构构件的几何特征。以 S 代表荷载对结构的作用效应，指在包括直接施加在结构上的各种荷载，或引起结构外加变形或约束变形的其他间接作用，如地震、温度变化等作用下引起的结构或构件的内力和变形。用 Z 表示结构的功能函数，$Z = R - S$。当 $Z > 0$ 时，表示结构可靠；当 $Z < 0$ 时，表示结构失效；当 $Z = 0$ 时，表示结构处于极限状态。

按照概率极限状态设计法，结构可靠度定义为：结构在规定时间内，在规定的条件下，完成预定功能的概率。完成预定功能就是指对于规定的某种功能来说结构不失效（$Z \geq 0$）。结构的可靠度设计中，必须考虑荷载的随机性，材料的变异性与施工中的偏差，以便减少设计使用期内结构不能正常使用或失效概率，使失效概率小到人们可以接受的程度。可靠度指标的计算理论有中心点法、验算点法等。考虑到直接应用结构可靠度或结构失效概率进行概率运算比较复杂，为了方便工程设计，在概率设计法的基础上，国家标准《建筑结构设计统一标准》（CBJ68-84）（下文统称《统一标准》）采用了工程技术人员长期习惯用的分项系数表达的极限状态设计表达式，表达式中的分项系数根据规定的可靠指标按概率设计法确定。采用分项系数表达的承载能力极限状态和正常使用极限状态计算公式如下。

（一）承载能力极限状态

承载能力极限状态和荷载效应组合（包括基本组合和偶然组合），采用式（1-1）进行结构设计：

$$\gamma_0 S \leqslant R \tag{1-1}$$

式中：γ_0 为结构重要性系数，对安全等级为一级、二级、三级的结构或构件可分别取 1.1、1.0、0.9；S 为荷载效应组合的设计值；R 为结构或构件抗力值，应按有关结构设计规范的规定取值。

（1）荷载基本组合。对于基本组合，荷载效应组合的设计值 S_d 应从下列组合值中取最不利值确定。

1）由可变荷载效应控制的组合：

$$S_d = \sum_{j=1}^{m} \gamma_{G_j} S_{G_{jk}} + \gamma_{Q_1} \gamma_{L_1} S_{Q_{1k}} + \sum_{i=2}^{n} \gamma_{Q_i} \gamma_{L_i} \psi_{Q_i} S_{Q_{ik}} \tag{1-2}$$

式中：γ_{G_j} 为永久荷载的分项系数；γ_{Q_i} 为第 i 个可变荷载的分项系数；γ_{L_i} 为第 i 个可变荷载考虑设计使用年限的调整系数；$S_{G_{jk}}$ 为永久荷载标准值 G_{jk} 计算的荷载效应值；$S_{Q_{ik}}$ 为可变荷载标准值 Q_{ik} 计算的荷载效应值；ψ_{Q_i} 为可变荷载 Q_i 的组合值系数；m 为参与组合的永久荷载数；n 为参与组合的可变荷载数。

2）由永久荷载效应控制的组合：

$$S_d = \sum_{j=1}^{m} \gamma_{G_j} S_{G_{jk}} + \sum_{i=1}^{n} \gamma_{Q_i} \gamma_{L_i} \psi_{Q_i} S_{Q_{ik}} \qquad (1-3)$$

（2）荷载偶然组合。应用建筑结构的特点确定其代表值，偶然荷载的代表值不乘分项系数；与偶然荷载同时出现的其他荷载视工程状况和经验采用合适的值。

（二）正常使用极限状态

正常使用极限状态是指结构出现影响结构正常使用或出现过大变形，使结构局部产生损伤或震动引起人们的不舒适感等。与承载力极限状态不同，正常使用极限状态主要限于型钢混凝土构件的裂缝控制和各种结构构件的位移或挠度控制。对于正常使用极限状态，应根据不同的设计要求，采用荷载的标准组合、频遇组合或准永久组合，并按下列设计表达式进行设计：

$$S_d \leqslant C \qquad (1-4)$$

式中：C 为结构或结构构件达到正常使用要求的规定限值。

（1）对于标准组合，荷载效应组合的设计值 S_d 应为：

$$S_d = \sum_{j=1}^{m} S_{G_{jk}} + S_{Q_{1k}} + \sum_{i=2}^{n} \psi_{Q_i} S_{Q_{ik}} \qquad (1-5)$$

（2）对于频遇组合，荷载效应组合的设计值 S_d 应按为：

$$S_d = \sum_{j=1}^{m} S_{G_{jk}} + \psi_{Q_1} S_{Q_{1k}} + \sum_{i=2}^{n} \psi_{Q_i} S_{Q_{ik}} \qquad (1-6)$$

（3）对于准永久组合，荷载效应组合的设计值 S_d 应为：

$$S_d = \sum_{j=1}^{m} S_{G_{jk}} + \sum_{i=1}^{n} \psi_{Q_i} S_{Q_{ik}} \qquad (1-7)$$

四、组合结构基本设计要求和方法

我国《统一标准》对承载力极限状态和正常使用极限状态分别规定有明确的极限标志或限值。通常应按承载能力极限状态来设计结构构件，再按正常使用极限状态来校核构件。组合结构的构件应满足承载力极限状态和正常使用极限状态的设计要求，计算或验算的主要内容包括：

（1）承载力及稳定计算。

（2）变形验算。对使用中需要控制变形的构件，应进行变形验算。

（3）抗裂及裂缝宽度验算。对使用中不允许出现裂缝的构件，应进行混凝土拉应力验算；对使用中允许出现裂缝的构件，应进行裂缝宽度验算。

此外，还应根据结构所处的环境类别和设计使用年限，充分考虑其对耐久性的要求。

结构构件的承载力（包括柱的压屈失稳和梁的整体、局部稳定）计算和倾覆、滑移验算均应采用荷载设计值。变形、抗裂及裂缝宽度验算则应采用相应的荷载代表值，其中，对于长期效应作用的结构，应采用相应的长期效应组合，同时考虑材料时间效应的影响。

钢结构设计中有关弯曲的弹性计算理论以及简化塑性理论均适用于组合构件，所不同的是：在组合构件截面的弹性特性计算中，通常不考虑混凝土参与受拉，塑性分析时则完全不计混凝土受拉作用。

在计算组合构件的截面几何特性时，一般采用换算截面方法，将物理性能与混凝土明显不同的钢截面部分按照平截面假定和变形等效的原则，通过弹性模量比值来进行换算，将钢换算为等同变形的混凝土截面。根据换算截面，采用材料力学方法可以计算出组合构件等效截面惯性矩和面积。同样，也可以把混凝土换算为钢截面，计算出组合构件相应的惯性矩和面积。

第四节　组合结构的发展与应用

一、组合结构的发展阶段

组合结构从出现到现在基本上经历了 4 个发展阶段。

第一个发展阶段是在 20 世纪初以前。在文艺复兴以后，西方的科学技术和工业生产得到了飞速的发展，在建筑结构方面也出现了大的发展。大跨度、高层建筑、高耸结构开始大量出现，这些建筑的结构一般均采用钢结构。然而由于钢结构耐火性能较差，出现了一些由于火灾造成的倒塌事故。因此钢结构的防火引起了重视，开始将钢结构用混凝土包裹起来，这就是组合结构的开始，但这时人们并没有有意识地在设计中考虑钢与混凝土的共同受力，而是作为一种构件。

第二个发展阶段是在 20 世纪初到 20 世纪 30 年代。这一阶段科学家们开始探索钢与混凝土共同工作的可能性，如英国的皇家科学院实验室进行混凝土板与工字钢共同工作的可能性的实验，证实当钢梁上有一定的剪力连接件时，混凝土板与钢梁可以共同工作。与此同时美国、日本等国也相继进行了其他类型的组合结构构件的试验研究，如型钢混凝土结构、钢管混凝土结构等。由于认识到混凝土与工字钢共同工作的可能性，在 20 世纪 20～30 年代人们开始把研究的重点放在使混凝土板与工字钢共同工作的剪力连接件上，开始研究了各种剪力连接件的形式，出现了螺旋钢筋、型钢等剪力连接件。这些剪力连接件在一定程度上都能较好地保证混凝土与钢构件共同工作。

第三个发展阶段是在 20 世纪 40—60 年代。经过了前期的大量试验研究，开始对前期的研究进行总结。这就使一些关于组合结构的规程、规范开始出现。最早在 1944 年美国的洲际公路协会的《公路桥涵规范》（ASSHO 1944）包括了组合梁的内容。紧接着在 1945 年德国的《桥梁结构设计规范》（DIN1078）出现组合梁的内容，1946 年美国的房屋设计规范开始包括组合梁的内容。这些规范的颁布无疑推动了组合结构的应用，也推进了组合结构向更广泛、更深层的方向发展。

第四个发展阶段基本是在 20 世纪 60 年代以后。组合结构开始成熟并广泛应用。成熟的一个重要标志是国际上的一些重要的学术团体联合成立了专门的组合结构联合会，并颁布了统一的组合结构设计规范。在这期间美国的两大组织钢结构协会（AISC）与混凝土结构协会（ACI）成立了组合结构联合会。不久欧洲著名的土木工程有关组织如欧洲混凝土委员会（CEB）、欧洲钢结构协会（ECCS）、国际预应力联合会（FIP）以及国际桥梁及结构工程协会（IABSE）等于 1971 年成立了由 32 名专家组成的组合结构委员会，并在 1981 年颁布了欧洲规范第 4 卷，也就是钢-混凝土组合结构设计规范。这是世界上最完整的一部组合结构设计规范。以后，欧洲共同体委员会将欧洲规范的制定工作交由欧洲标准委员会（CEN）。近年来，随着组合结构研究应用的深入和发展，欧洲标准委员会又对组合结构设计规范进行了修订。

组合结构成熟的另一方面表现是在工程中的大量应用，在现今的建筑工程结构、桥梁结构等，组合结构已经成为重要的一种类型。如桥梁结构的桥面体系、钢管混凝土结构的拱桥、重型工业结构、高层建筑结构的楼层结构等。根据有关资料，当今世界上高层建筑的前 100 座中，其主要受力结构采用组合结构的就有 25 座。近年来组合结构高层建筑的数量还有不断增多的趋势，另外新型组合结构的形式也在不断出现。

二、钢与混凝土组合梁的发展与应用

钢与混凝土组合梁在 20 世纪 20 年代即已得到应用，在 20 世纪 30 年代中期人们开始研究钢梁和混凝土翼板之间多种抗剪连接的构造方法。最初，组合梁是按换算截面法进行计算，即将组合梁视为一个整体，将组合截面换算成同一材料的截面，然后根据弹性理论进行截面设计。20 世纪 60 年代以后，则逐渐转入塑性理论分析，探讨了组合梁的破坏形态、极限承载力、荷载与滑移的关系以及连续组合梁的性能和塑性内力重分布的规律，并建立了相应的计算公式。

我国在 20 世纪 60 年代，将钢与混凝土组合梁应用到建筑工程及桥梁结构中，并建立了相应的设计和施工规范。随着我国经济的快速发展，组合梁结构在大型建筑中应用越来越广泛。

三、压型钢板与混凝土组合楼板的发展与应用

20 世纪 80 年代中期，压型钢板与混凝土组合楼板被引入我国，广大科技工作者对其基本力学性能展开了研究。原冶金部建筑研究总院、哈尔滨建筑大学和西安建筑科技大学等单位对压型钢板的板型、加工工艺、抗剪连接设计和耐久极限等配套技术和指标进行了大量的研究与开发，冶金行业标准《钢-混凝土组合楼盖结构设计与施工规程》（YB9238—1992）、建设部行业标准《高层民用建筑钢结构技术规程》（JGJ99—2015）、电力行业标准《钢-混凝土组合结构设计规程》（DL/T5085—1999）等都有关于组合板的设计规定。

1984 年以来，我国兴建的高层钢结构建筑中大部分采用组合板，比如上海瑞金大厦、北京京城大厦、上海静安——希尔顿酒店、深圳发展中心大厦、中国国际贸易中心、上海国际贸易中心大楼、北京长富宫中心等工程。

四、型钢混凝土组合结构的发展与应用

我国最早于 20 世纪 50 年代从苏联引进型钢混凝土结构，并在工业厂房

中得到了应用。这一时期的建筑物多采用空腹式配钢形式，后来由于片面强调节约钢材，型钢混凝土结构的发展较慢，其研究和应用处于停滞状态。80年代中期以后，型钢混凝土结构又一次在我国兴起，原冶金部建筑研究总院、西安建筑科技大学、西南交通大学、东南大学、清华大学等高校和科研单位对型钢混凝土结构进行了广泛而深入的研究，颁布了建设部行业标准《型钢混凝土组合结构技术规程》（JGJ138—2016）、《高层建筑混凝土结构技术规程》（JGJ3—2010）和冶金行业标准《钢骨混凝土结构技术规程》（YB9082—2006），对于型钢混凝土结构的工程应用起到了积极的推动作用。

型钢混凝土结构主要应用于框架结构、剪力墙结构等，有代表性的建筑是上海金茂大厦、北京香格里拉饭店等。

五、钢管混凝土结构的发展与应用

钢管混凝土结构的出现和应用已有百余年的历史。最早的钢管混凝土工程是1879年英国的赛文（Severn）铁路桥的桥墩，当时在钢管内填充混凝土主要是为了防止钢材锈蚀并承受压力，并没有考虑钢管与核心混凝土间的相互作用对承载能力的提高。20世纪初，美国在一些单层和多层厂房中采用了圆形钢管混凝土柱作为承重柱，60年代以后，苏联、欧美及日本等一些工业发达国家对钢管混凝土开展了大量的试验研究和理论分析，阐明了套箍作用及其工作机理，并用极限平衡法推导出钢管混凝土轴心受压短柱承载力的计算公式。研究表明，钢管混凝土构件具有截面小、刚度大、延性好、韧性强、承载能力高等诸多优点。80年代后期，随着泵送混凝土技术和高强混凝土的出现，对钢管高强混凝土的研究也日益增多，钢管高强混凝土在高层、超高层建筑中的应用也越来越广泛。1995年日本阪神地震中钢管混凝土结构表现出优越的抗震性能，又把人们对钢管混凝土结构的研究推向一个新阶段。目前有关钢管混凝土结构的设计规程已有不少，日本建筑学会（AIJ）在房屋建筑方面有钢管混凝土结构设计规程，美国混凝土学会（ACI）和钢结构学会（AISC-LRFD）的设计规程、英国规程BS5400、欧洲规范EC4等都给出了钢管混凝土设计方面的规定。

我国主要研究了在钢管中浇筑素混凝土的钢管混凝土结构，原中国科学院哈尔滨土建研究所和建筑材料研究院（现苏州混凝土与水泥制品研究院）、哈尔滨建筑大学和中国建筑科学院等单位先后在钢管混凝土基本构件的力学性能和设计方法、节点构造和施工技术等方面开展了比较系统的研究工作，取得了令人瞩目的成绩。目前，钢管混凝土结构已发展成为强风、强震地区超高层建筑和大跨拱桥结构的一种主导结构形式。我国近十几年先后颁布了几部有关钢管混凝土结构设计和施工的技术规程，如国家建筑材料工业局标准《钢管混凝土结构设计与施工规程》(JCJ01—1989)、中国工程建设标准化协会标准《钢管混凝土结构设计与施工规程》(CECS28：2012)、中华人民共和国电力行业标准《钢-混凝土组合结构设计规程》(DL/T5085—1999)等都给出了圆钢管混凝土结构设计计算及施工方面的规定。中华人民共和国军用标准《战时军港抢修早强型组合结构技术规程》(GJB4142—2000)、中国工程建设标准化协会标准《矩形钢管混凝土结构技术规程》(CECS159：2004)给出了方钢管混凝土结构设计方面的规定。福建省地方工程建设标准《钢管混凝土结构技术规程》(DBJ13—51—2010)可适用于圆形和方形钢管混凝土结构的设计计算。此外，天津市工程建设标准《天津市钢结构住宅设计规程》(DB29—57—2003)、上海市工程建设标准《高层建筑钢—混凝土组合结构设计规程》(DG/TJ08—015—2004)也有关于钢管混凝土结构的设计计算条文。

钢管混凝土组合结构在我国一共经历了两个阶段，即应用推广阶段和提高发展阶段。在应用推广阶段时应用于首都地铁 1 号线和北京站、前门站两个站台工程中；在提高发展阶段时，已经建成的典型建筑有高度 120m 的北京世界金融大厦、高度 291m 的深圳赛格广场大厦。由于钢管混凝土结构在桥梁结构中的应用形式主要是拱式结构，受力非常合理，因此也深受桥梁工程师的喜爱。

第二章　钢与混凝土共同工作性能

钢与混凝土材料的物理和力学性能是建立混凝土结构的计算理论的基础。本章主要就混凝土力学性能、钢材力学性能、钢与混凝土黏结滑移性能展开讨论。

第一节　混凝土力学性能

一、混凝土的强度等级

混凝土是以水泥为主要胶结材料，拌合一定比例的砂、石和水，有时还掺入少量的添加剂，经过搅拌、注模、振捣、养护等工序后，逐渐凝固硬化而形成的人工混合材料。混凝土各组分的性质及相互比例、制备和硬化过程中的各种条件和环境因素，都会对混凝土的力学性能产生一定的影响。混凝土抗压强度是混凝土最基本的力学性能，符号为 f_{cu}。

我国《混凝土结构设计规范》（GB 50010—2010）按照具有95%保证率的混凝土标准立方体抗压强度确定混凝土的强度等级。欧洲国家和美国、日本等则根据高度为300mm、直径为150mm 的标准圆柱体的抗压强度来确定混凝土的强度等级，符号为 f'_c。f'_c 与我国的边长 150mm 标准立方体试块抗压强度的换算关系为：

$$f'_c = 0.80 f_{cu} \tag{2-1}$$

目前，国内工程中也常用边长为 100mm 的混凝土立方体试块。由于试验过程中约束效应的不同，以及试块内部缺陷的影响，边长越小的立方体试块得出的抗压强度越高。根据对大量试验结果的统计，边长为 100mm 立方体试块抗压强度 $f_{cu,100}$ 与边长为 150mm 立方体试块抗压强度 f_{cu} 的换算关系为：

$$f_{cu} = 0.947 f_{cu,100} \tag{2-2}$$

二、混凝土轴心抗压强度及抗拉强度

(一) 混凝土轴心抗压强度

立方体试件受两端局部应力和约束变形的影响，实际上并不处于均匀的单轴受压状态。试验证明，高度比 $h/b = 3 \sim 4$ 的棱柱体试件，其中间部位已接近于均匀的单轴受压应力状态，与轴心受压钢筋混凝土短柱中的混凝土强度基本相同。因此，取柱体试件的抗压强度为混凝土的轴心抗压强度，即以柱体试件的破坏荷载除以其横截面积，记为 f_c。

根据大量试验结果，混凝土棱柱体抗压强度与立方体强度的关系为：

$$\frac{f_c}{f_{cu}} = 0.70 \sim 0.92 \qquad (2-3)$$

强度等级高时，上述比值偏大。一般 f_c/f_{cu} 的比值在 0.78 至 0.88 之间。各国设计规范出于安全的考虑，一般取用较低值。

我国《混凝土结构设计规范》（GB 50010—2010）对混凝土设计强度作如下规定：棱柱体强度与立方体强度之比值 α_{c1} 对普通混凝土为 0.76，对高强混凝土则大于 0.76。规范对 C50 及以下取 $\alpha_{c1} = 0.76$，对 C80 取 $\alpha_{c1} = 0.82$，中间按线性规律变化。规范还对 C40 以上混凝土考虑脆性折减系数 α_{c2}，对 C40 取 $\alpha_{c2} = 1.0$，对 C80 取 $\alpha_{c2} = 0.87$，中间按线性规律变化。

考虑到结构中混凝土强度与试件混凝土强度之间的差异，根据以往的经验，并结合试验数据分析，以及参考其他国家的有关规定，对试件混凝土强度修正系数取为 0.88。

《混凝土结构设计规范》（GB 50010—2010）的混凝土轴心抗压强度标准值和设计值计算公式分别为：

$$f_{ck} = 0.88\alpha_{c1}\alpha_{c2}f_{cu,k} \qquad (2-4)$$

$$f_c = f_{ck}/\gamma_c = f_{ck}/1.4 \qquad (2-5)$$

式中：$f_{cu,k}$ 为混凝土立方体抗压强度标准值。

在长期荷载作用下，混凝土柱体抗压强度将降低为 $0.8f_c$。通常设计中按 28d 龄期强度计算，故龄期增长对强度的提高将部分地被长期荷载作用下强度的降低所抵消。

（二）混凝土抗拉强度

1. 轴心抗拉强度

混凝土的抗拉强度比抗压强度小得多，一般只有抗压强度的 5%～10%，而且与立方体强度之间并非线性关系。立方体抗压强度越大，轴心抗拉强度与立方体抗压强度的比值越小。混凝土轴心抗拉强度可采用轴心抗拉强度试验来测定（图 2-1）。轴心抗拉强度标准值 f_{tk} 与立方体抗压强度标准值 f_{cu} 的关系为：

$$f_{ck} = 0.88 \times 0.395 f_{cu,k}^{0.55} (1 - 1.645\delta)^{0.45} \times \alpha_{c2} \tag{2-6}$$

式中：δ 为混凝土立方体强度的变异系数；0.395 为统计系数。

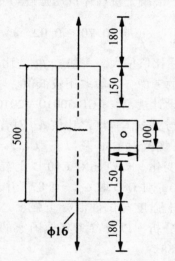

图 2-1　轴心抗拉强度试验（单位：mm）

2. 劈拉强度

由于轴心受拉试验对中比较困难，且离散性大，故国内外多采用立方体或圆柱体试件的劈拉强度试验（图 2-2）来测定混凝土的抗拉强度。对于立方体试件，劈拉强度 f_{ts} 可按式（2-7）计算：

$$f_{ts} = \frac{2F}{\pi a^2} \tag{2-7}$$

对于圆柱体试件，劈拉强度 f_{ts} 可按式（2-8）计算：

$$f_{ts} = \frac{2F}{\pi dl} \tag{2-8}$$

式中：F 为竖向总荷载；a 为立方体试件的边长；d、l 分别为圆柱体试件的直径和长度。

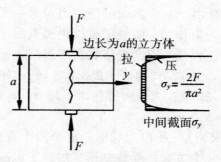

图 2-2　劈拉强度试验

混凝土的强度标准值和设计值见表 2-1。

表 2-1　混凝土的强度标准值和设计值　　　　　　　　单位：N/mm²

强度种类	混凝土强度等级													
	C15	C20	C25	C30	C35	C40	C45	C50	C55	C60	C65	C70	C75	C80
f_{ck}	10.0	13.4	16.7	20.1	23.4	26.8	29.6	32.4	35.5	38.5	41.5	44.5	47.4	50.2
f_c	7.2	9.6	11.9	14.3	16.7	19.1	21.1	23.1	25.3	27.5	29.7	31.8	33.8	35.9
f_{tk}	1.27	1.54	1.78	2.01	2.2	2.39	2.51	2.64	2.74	2.85	2.93	2.99	3.05	3.11
f_t	0.91	1.10	1.27	1.43	1.57	1.71	1.80	1.89	1.96	2.04	2.09	2.14	2.18	2.22

三、复合应力状态下的混凝土强度

在实际工程中，钢筋混凝土结构构件很少处于理想的单向受力状态，通常受到轴力、弯矩、剪力及扭矩等不同内力组合的作用，所以混凝土一般都是处于复合应力状态。因此，了解混凝土复合应力状态下的强度是钢筋混凝土结构研究的基础。但是由于混凝土材料的复杂性，至今尚未建立起完善的强度理论。目前仍然只是借助有限的试验资料，推荐一些近似计算方法。

（1）混凝土的双向受力强度。对于双向应力状态，即微元体在两个相互垂直的平面上，作用法向应力 σ_1 和 σ_2，第三法向应力为 0 的情况下，其在 4 个象限内的强度变化特点如下：

1）第一象限为双向受拉区，混凝土的抗拉强度基本上不受另一方向的影响。即不同应力比值 σ_1/σ_2 下的双向受拉强度均接近单向抗拉强度。

2）第三象限为双向受压区，混凝土一个方向的抗压强度随另一方向压力的增加而增大。这是由于一个方向的压应力对另一个方向压应力引起的横向变形起到一定的约束作用，限制了试件内部混凝土微裂缝的扩展，故而提高了混凝土的抗压强度。双向受压状态下混凝土强度提高的幅度与双向应力比 σ_1/σ_2 有关。当 σ_1/σ_2 约等于 2 或 0.5 时，双向抗压强度约为单向抗压强度的 1.22～1.27 倍；当双向等压时，即 $\sigma_1/\sigma_2 = 1$ 时，强度约为单向抗压强度的 1.16～1.20 倍。

3）第二、四象限为拉-压应力状态，由于两个方向同时受拉、压时，相互助长了试件在另一个方向的受拉变形，加速了混凝土内部微裂缝的发展，使混凝土的强度降低。混凝土的抗拉或抗压强度随着另一方向压、拉应力的增加而减小（基本呈线性关系），且强度均低于单轴受力（拉或压）强度。

（2）剪压或剪拉复合应力状态。当混凝土受到剪力、扭矩联合作用时，微元体除作用有剪应力 τ 外，在一个面上同时作用有法向应力 σ，即形成剪拉或剪压复合应力状态。分析法向应力和剪应力共同作用下混凝土强度变化曲线可以知道，在剪拉应力状态下，混凝土抗剪强度随着拉应力的增加而减小；当拉应力约为 $0.1f_c$ 时，混凝土受拉开裂，抗剪强度降低到零。在剪压应力状态下，随着压应力的增大，混凝土的抗剪强度逐渐增大，但大约在 $\sigma/f_c = 0.6$ 时，抗剪强度达到最大值后反而随着压应力的增大而减小。当压应力达到混凝土轴心抗压强度即 $\sigma = f_c$ 时，抗剪强度为 0。

（3）三向受压应力状态。实际工程中，钢筋混凝土结构构件常处于三向受压应力状态。混凝土在三向受压的情况下，由于受到侧向压力的约束作用，延迟和限制了沿轴线方向的内部微裂缝的发生和发展，因而混凝土受压后的极限抗压强度和极限应变均有显著的提高和发展。

试验研究表明，混凝土三向受压时，最大主压应力方向的抗压强度有很大程度的增长，其变化规律取决于侧向压应力的约束程度。

混凝土圆柱体三向受压的轴向抗压强度与侧压力之间的关系可用经验公式 $f_{cc} = f_c + K\sigma_r$ 来表示。式中，f_{cc} 为三向受压时的混凝土轴向抗压强度；f_c 为单向受压时混凝土柱体抗压强度；σ_r 为侧向压应力；K 为侧向应力系数，侧向压力较低时，其数值较大。为简化计算，可取为常数。较早的试验资料给出 $K = 4.1$，后来的试验资料给出 $K = 4.5～7.0$。

对于纵向受压的混凝土，如果约束混凝土的侧向变形，可以有效提高混凝土的抗压强度及变形能力。在实际工程中，常利用此特性来提高混凝土构件的抗压强度和变形能力，如采用螺旋箍筋、加密箍筋、钢管混凝土等。

四、混凝土的变形

（一）混凝土的应力-应变曲线

混凝土的应力-应变关系是混凝土力学性能的一个基本理论，揭示的是混凝土强度与变形的本构关系；应力-应变曲线反映了混凝土受力的全过程，是混凝土构件应力分析、承载力和变形计算理论所必不可少的依据。

1. 混凝土的单轴受压应力-应变曲线

在很长时间内，混凝土被视为完全脆性的材料，其应力-应变曲线在达到强度极限以后没有下降段。随着试验设备和量测方法的改进，现在已经能够测得混凝土的应力-应变全曲线。混凝土的单轴受压应力-应变曲线，通常是用 $h/b = 3 \sim 4$ 的柱体试件来测定。混凝土单轴受压应力-应变曲线的方程是混凝土最基本的本构关系。

（1）Hongnestad 表达式。这是目前在世界上应用最广的混凝土单轴受压应力-应变关系曲线之一。曲线的上升段为抛物线，下降段为斜线，如图2-3 所示。上升段的表达式为：

$$\sigma = \sigma_0 \left[2\left(\frac{\varepsilon}{\varepsilon_0}\right) - \left(\frac{\varepsilon}{\varepsilon_0}\right)^2 \right], \quad 当 \varepsilon \leqslant \varepsilon_0 \qquad (2-9)$$

下降段的表达式为

$$\sigma = \sigma_0 \left[1 - 0.15 \frac{\varepsilon - \varepsilon_0}{\varepsilon_u - \varepsilon_0} \right], \quad 当 \varepsilon_0 < \varepsilon < \varepsilon_u \qquad (2-10)$$

式中：ε_0 为压应变；ε_u 为极限压应变；σ_0 为峰值应力。

Hongnestad 建议理论分析时取 $\varepsilon_u = 0.0038$，在设计中可取 $\varepsilon_u = 0.003$，并建议峰值压应变取

$$\varepsilon_0 = 2\frac{\sigma_0}{E_0} \qquad (2-11)$$

式中：E_0 为混凝土的初始弹性模量，如图2-3 所示；峰值应力建议取为 $\sigma_0 = 0.85f_c'$。

（2）《混凝土结构设计规范》（GB 50010—2010）建议的表达式。规范给出的混凝土应力-应变曲线如图2-4 所示。当 $x \leqslant 1$ 时，有

$$y = \alpha_a x + (3 - 2\alpha_a)x^2 + (\alpha_a - 2)x^3 \tag{2-12}$$

当 $x > 1$ 时，有

$$y = \frac{x}{\alpha_d(x-1)^2 + x} \tag{2-13}$$

$$x = \frac{\varepsilon}{\varepsilon_c} \tag{2-14}$$

$$y = \frac{\sigma}{f_c^*} \tag{2-15}$$

式中：α_a、α_d 分别为单轴压应力-应变曲线上升段、下降段的参数值，按表 2-2 采用；f_c^* 为混凝土的单轴抗压强度；ε_c 为 f_c^* 相应的混凝土峰值压应变，按表 2-2 采用。

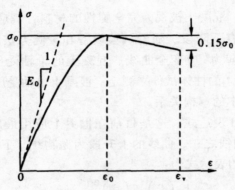

图 2-3　Hongnestad 表达式

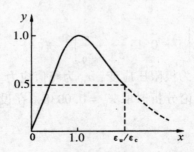

图 2-4　规范建议的单轴受压应力-应变曲线

表 2-2　混凝土单轴受压应力-应变曲线的参数值

f_c^* / (N/mm^2)	15	20	25	30	35	40	45	50	55	60
ε_c /($\times 10^{-6}$)	1370	1470	1560	1640	1720	1790	1850	1920	1980	2030

α_a	2.21	2.15	2.09	2.03	1.96	1.90	1.84	1.78	1.71	1.65
α_d	0.41	0.74	1.06	1.36	1.65	1.94	2.21	2.48	2.74	3.00
$\varepsilon_u/\varepsilon_c$	4.2	3.0	2.6	2.3	2.1	2.0	1.9	1.9	1.8	1.8

注：ε_u 为应力-应变全曲线下降段上应力等于 $0.5f_c^*$ 时的混凝土压应变。

2. 影响混凝土轴心受压应力-应变曲线的主要因素

影响混凝土轴心受压应力-应变曲线的主要因素有以下几点：

（1）混凝土强度。试验表明，混凝土强度对其应力-应变曲线有一定的影响，如图 2-5 所示。可以看出，抗压强度随混凝土强度等级的提高而提高，而峰值应变 ε_0 的变化不大，一般均为 $(1.5 \sim 2.5) \times 10^{-3}$。上升段形状大致相似。强度等级高的混凝土上升段更接近于直线，斜率较陡，下降段的坡度也较陡，这说明强度等级高的混凝土延性较差，脆性较大，而强度等级低的混凝土延性较好。

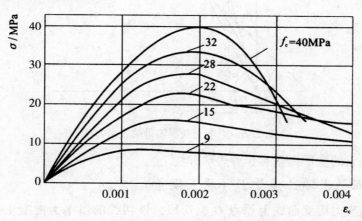

图 2-5　强度等级不同的混凝土的应力-应变曲线

（2）加荷速度。加荷速度同样影响混凝土的应力-应变曲线。加荷速度越慢，峰值应力（即棱柱体实测抗压强度 f_c）越小，对应的应变 ε_0 越大，下降段也越平缓。

（3）横向钢筋数量。随着箍筋数量的增加，抗压强度 f_c 随之提高，峰值应变 ε_0 增大，下降段趋向平缓，横向钢筋的约束作用改善了混凝土构件后期的变形能力。对于承受地震作用的梁、柱和节点区，加密箍筋可提高混凝土的强度，有效地提高构件的延性。

（二）混凝土的弹性模量和变形模量

在进行钢筋混凝土结构及构件的内力分析和变形计算过程中，均需要利用混凝土的弹性模量。由混凝土的应力-应变关系可知，处应力较小时，应力-应变关系均是非线性的。

图 2-6 是混凝土应力-应变的典型曲线，图中 ε_c 为当混凝土压应力为 σ_c 时的总应变，其中包括弹性应变和塑性应变两部分，即

$$\varepsilon_c = \varepsilon_{ela} + \varepsilon_{pla} \tag{2-16}$$

式中：ε_{ela} 为混凝土的弹性应变；ε_{pla} 为混凝土的塑性应变。

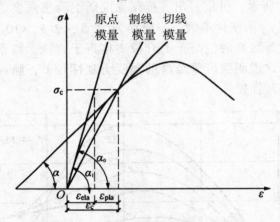

图 2-6　混凝土变形模量的表示方法

混凝土的变形模量有 3 种表示方法。

1. 混凝土弹性模量 E_c（原点模量）

通过应力应变曲线上原点 O 引切线，该切线的斜率为混凝土的原点切线模量，也即混凝土的弹性模量 E_c。其表达式为：

$$E_c = \frac{\sigma_c}{\varepsilon_{ela}} = \tan\alpha_0 \tag{2-17}$$

式中：α_0 为应力-应变原点处的切线与横坐标轴的夹角（°）。

2. 混凝土的变形模量 E_c'（割线模量）

通过应力-应变曲线上原点 O 连接至曲线任一点应力 σ_c 处割线的斜率称为该点的割线模量或变形模量 E_c'。其表达式为：

$$E_c' = \frac{\sigma_c}{\varepsilon_c} = \tan\alpha_1 \tag{2-18}$$

式中：α_1 为对应于应力 σ_c 处的割线与横坐标轴的夹角（°）。

由于总应变 ε_c 中包含弹性能改变 ε_{ela} 和塑性应变 ε_{pla} 两部分，由此所确定的模量又称为弹性模量。混凝土的变形模量是个变量，它与弹性模量的关系式为：

$$E_c' = \frac{\sigma_c}{\varepsilon_c} = \frac{\varepsilon_{ela}}{\varepsilon_c} \times \frac{\sigma_c}{\varepsilon_{ela}} = \gamma E_c \qquad (2-19)$$

式中：γ 为弹性特性系数。

3. 混凝土的切线模量 E_c''

在应力-应变曲线上某一应力 σ_c 处所作切线的斜率（正切值），即应力增量与应变增量的比值，其表达式为：

$$E_c'' = \frac{d\sigma_c}{d\varepsilon_c} = \tan\alpha \qquad (2-20)$$

式中：α 为某点应力 σ_c 处的切线与横坐标轴的夹角（°）。

在实际工作中应用最多的是原点弹性模量，即弹性模量。按照原点弹性模量的定义，应该直接在应力-应变曲线的原点做切线确定初始弹性模量 E_c，但它的稳定数值难以通过试验得到，我国规范的做法是采用棱柱体试件，取应力上限 $\sigma_c = 0.5f_c$，重复加荷卸荷 5～10 次。随着加、卸荷次数的增加，每次卸荷的残余变形越来越小，应力-应变曲线渐趋稳定并基本上接近于直线，该直线的斜率即为混凝土的弹性模量。

通过对不同强度等级的混凝土测得的弹性模量，统计的混凝土弹性模量 E_c 与立方体强度 $f_{cu,k}$ 关系式为：

$$E_c = \frac{10^5}{2.2 + \frac{34.74}{f_{cu,k}}} \qquad (2-21)$$

混凝土的剪变模量很难用试验方法确定。一般是根据弹性理论分析公式，由实测的弹性模量 E_c 和泊松比 v_c 按下式确定：

$$G_c = \frac{E_c}{2(1 + v_c)} \qquad (2-22)$$

式中：v_c 为混凝土的泊松比，即混凝土横向应变与纵向应变之比。

一般取 $v_c = 0.2$，此时混凝土的剪变模量 $G_c = 0.4E_c$。

（三）混凝土的徐变及收缩

1. 混凝土的徐变

混凝土在长期不变荷载作用下，变形随时间不断增长的现象，称为混凝土的徐变。混凝土的徐变会使结构或构件的变形增大，产生预应力损失。徐变也有利于结构构件产生内（应）力重分布，可减少由于支座不均匀沉降引起的内（应）力，减小大体积混凝土内的温度应力，减少收缩裂缝等。混凝土的徐变的产生原因有以下两点：

（1）尚未转化为结晶体的水泥凝胶体黏性流动的结果。

（2）由于内部的微裂缝在荷载长期作用下持续延伸和扩展的结果。

图 2-7 是在相对湿度为 65%、温度为 20℃、承受 $\sigma = 0.5f_c$ 压应力并保持不变的情况下变形与时间的关系曲线。

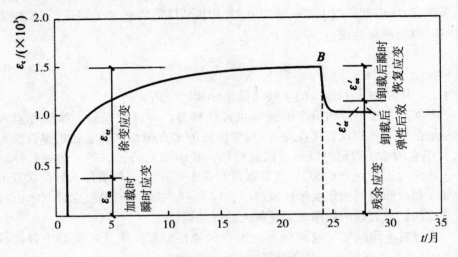

图 2-7　混凝土加荷卸荷应变和实践关系曲线

图 2-7 是典型的混凝土徐变与时间关系曲线图。试验采用 100mm×100mm×400mm 的棱柱体试件，试件受荷、应力 σ 达到 $0.5f_c$ 时，加荷瞬时产生瞬时弹性应变 ε_{ce}。当应力保持不变，随着加荷作用时间的增加，应变随之增长，这就是混凝土的徐变应变 ε_{cr}。从图 2-7 中可以看出，前期徐变增长较快，6 个月可完成最终徐变的 70%～80%，以后徐变增长逐渐缓慢，2～3 年后趋于稳定。卸荷后产生瞬时恢复应变 ε'_{ce}，卸荷后大约 20d 才能恢复的应变称为弹性后效 ε'_{cr}，不能恢复的变形称为残余变形。

影响混凝土徐变的因素有很多，主要因素有以下几点：

（1）混凝土在长期荷载作用下产生的应力大小。在高应力作用下，徐变变形急剧增加，徐变呈非稳定现象，最终将导致结构的脆性破坏。通常，当压应力 $\sigma > 0.8f_c$ 时，混凝土的非线性徐变往往是不收敛的。因此，混凝土在长期荷载下的强度通常取为 $\sigma = 0.8f_c$（图 2-8）。

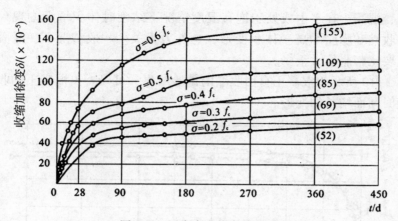

图 2-8　压应力和徐变的关系

$f_{cu} = 40.3\text{MPa}$　试件尺寸：$100\text{mm} \times 100\text{mm} \times 400\text{mm}$

$\dfrac{w}{c} = 0.45$　量测距离：200mm

恒湿：$(65 \pm 5)\%$　恒温：$(20 \pm 1)℃$

（2）加荷时混凝土的龄期。加荷时混凝土的龄期越短，水泥石中结晶体所占比例就越小，凝胶体的黏性流动越大，徐变越大（图 2-9）。

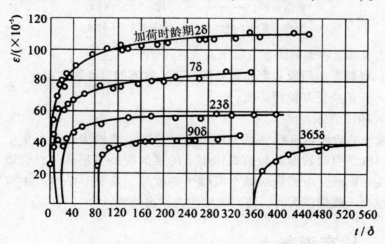

图 2-9　加荷时混凝土龄期对徐变大小的影响

（3）混凝土的组成成分和配合比。

（4）养护及使用条件。

2. 混凝土的收缩变形

混凝土在空气中凝结和硬化的过程中体积随时间推移而缩小的现象称

为收缩，混凝土在水中或处于饱和湿度情况下结硬时体积增大的现象称为膨胀。收缩和膨胀均属于体积变形，与外力无关。一般情况下，混凝土的收缩值要比膨胀值大很多。

图 2-10 所示为混凝土自由收缩的试验结果，可以看出混凝土的收缩是一种随时间而增长的变形。

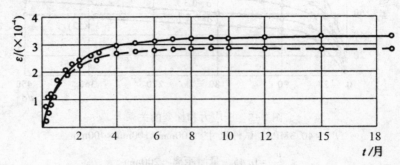

图 2-10　混凝土的收缩变形与时间关系

$f_{cu} = 40.3MPa$　试件尺寸：$100mm \times 100mm \times 400mm$

$$\frac{w}{c} = 0.45$$　量测距离：$200mm$

常温养护：——————　恒温：(20 ± 1)℃

蒸汽养护：----------------　恒湿：(65 ± 5)%

影响混凝土收缩的因素有以下几点：

（1）混凝土的组成和配比是影响混凝土收缩的重要因素。

（2）养护条件和使用环境。

（3）构件的体表比。

混凝土的收缩对钢筋混凝土和预应力混凝土结构构件会产生十分有害的影响。收缩引起的变形与荷载作用下的梁的挠度变形叠加，会增大梁的长期挠度。因此，应当设法减小混凝土的收缩，避免对结构产生有害的影响，当混凝土收缩很大时，应对收缩应力做出估算。

五、约束混凝土

对混凝土的横向变形加以约束可以提高其抗压强度，而且可提高构件的变形能力。这是因为横约束能限制混凝土内裂缝的发展。密配的螺旋钢筋核心区的混凝土为约束混凝土。当应力较小时，混凝土的横向变形很小，螺旋筋的作用并不明显；当混凝土纵向压应力超过 $0.8f_c$ 时，横向变形显著增大，体积膨胀使螺旋筋产生环向拉应力，其反作用力使被螺旋筋约束的混凝土受到均匀的侧向压应力，形成三向受压应力状态。

图 2-11 给出了约束混凝土和未约束混凝土受压时的应力-应变曲线。在图中，f_{cc} 为约束混凝土的抗压强度，ε_{cc} 为 f_{cc} 所对应的混凝土压应变，f_c 和 ε_0 分别为未受约束的混凝土轴心抗压强度及其对应的压应变。

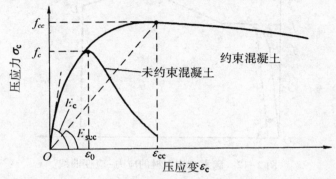

图 2-11　约束混凝土和未约束混凝土受压时的应力-应变曲线

工程中应用约束混凝土的实例很多，如螺旋钢箍柱、钢管混凝土柱等均为实践中应用约束混凝土的横向变形提高其抗压强度的典型例子。

第二节　钢材力学性能

一、单向拉伸时的工作性能

钢材标准试件在常温静载情况下，单向均匀受拉试验时的应力-应变（$\sigma-\varepsilon$）曲线如图 2-12 所示。由此曲线获得的有关钢材力学性能指标如下。

（一）比例极限 f_P

图 2-12 中 $\sigma-\varepsilon$ 曲线 OP 段为直线，表示钢材具有完全弹性性质，称为线弹性阶段，这时应力可由弹性模量 E 定义，即 $\sigma = E\varepsilon$，而 $E = \tan\alpha$，P 点应力 f_P 称为比例极限。

（二）屈服强度 f_y

P 点过后，应变（ε）不再与应力（σ）成正比，应力-应变关系呈曲线，一直到屈服点。钢材的屈服强度（或屈服点）是衡量结构的承载能力和确定强度设计值的重要指标。图 2-13 所示是简化的钢材理想弹塑性应力-应变曲线。

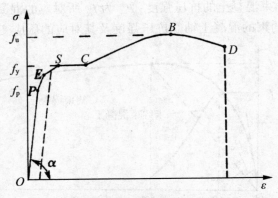

图 2-12　碳素结构钢材的应力-应变曲线

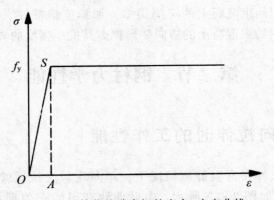

图 2-13　简化的碳素钢的应力-应变曲线

（三）抗拉强度 f_u

超过屈服台阶，材料出现应变硬化，曲线上升，直至曲线最高处的 B 点（图 2-12），这点的应力 f_u 称为抗拉强度或极限强度。当应力达到 B 点时，试件发生颈缩现象，到了 D 点时发生断裂。所以，钢材的抗拉强度是衡量钢材抵抗拉断的性能指标，它不仅是一般的强度指标，而且直接反映钢材内部组织的优劣。当以屈服点的应力 f_y 作为强度限值时，抗拉强度 f_u 成为材料。

（四）伸长率 δ_5 或 δ_{10}

试件被拉断时的绝对变形值与试件原标距之比的百分数，称为伸长率。当试件标距长度与试件直径 d（圆形试件）之比为 10 时，以 δ_{10} 表示；当该比值为 5 时，以 δ_5 表示。钢材的伸长率是衡量钢材塑性性能的指标。伸长率代表材料断裂前具有的塑性变形的能力。

二、钢筋的弹性模量

钢筋的弹性模量是反映弹性阶段应力-应变关系的物理量，即

$$E_s = \frac{\sigma_s}{\varepsilon_s} \qquad (2-23)$$

各种钢筋的弹性模量的数值见表 2-3。

表 2-3　钢筋弹性模量　　　　　　单位：$\times 10^5 \text{N/mm}^2$

牌号或种类	E_s
HPB300 级钢筋	2.10
HRB335、HRB400、HRB500 级钢筋	2.00
HRBF335、HRBF400、HRBF500 级钢筋	
RRB400 级钢筋	
预应力螺纹钢筋	
消除应力钢丝（光面钢丝、螺旋肋钢丝、刻痕钢丝）中强度预应力钢丝	2.05
钢绞线	1.95

注：必要时钢绞线可采用实测的弹性模量。

三、钢筋的塑性性能

（一）伸长率

伸长率为钢筋试件拉断后的残余应变，用 δ 表示，其值为：

$$\delta_{5或10} = \frac{l - l_0}{l_0} \times 100\% \qquad (2-24)$$

式中：l_0 为试件拉伸前量测标距的长度，一般取 $5d$ 或 $10d$；d 为钢筋直径，量测标距包括颈缩区，如图 2-14（a）所示；l 为拉断后重新拼合量测的端口量测标距的长度，如图 2-14（b）所示。

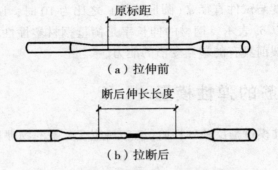

原标距

（a）拉伸前

断后伸长长度

（b）拉断后

图 2-14　钢筋拉伸前、拉断后的标距

目前国内应变量测标距有 $5d$（d 为试件直径）、$10d$ 和固定长度 100mm 三种，相应的伸长率分别为 δ_5、δ_{10}、δ_{100}。参与应变主要集中在颈缩区段内，标距越短，平均残余应变越大。一般情况下，$\delta_5 > \delta_{10} > \delta_{100}$。

目前，国际上已开始用最大拉力下的总伸长率（均匀伸长率 δ_{gt}，图 2-15）来描述钢筋的延性。均匀伸长率 δ_{gt} 比以上的断口伸长率更真实地反映

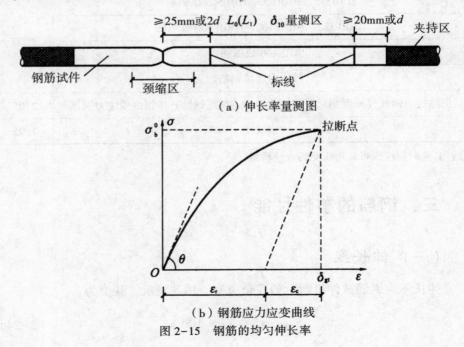

≥25mm或2d　$L_0(L_1)$　δ_{10}量测区　≥20mm或d　夹持区

钢筋试件　颈缩区　标线

（a）伸长率量测图

（b）钢筋应力应变曲线

图 2-15　钢筋的均匀伸长率

了钢筋在拉断前的平均（非局部区域）总变形，客观地反映了钢筋的变形能力，是比较科学的指标。

均匀伸长率 δ_{gt} 为非颈缩断口区域标距的残余应变与恢复的弹性应变组成，即

$$\delta_{gt} = \frac{l_1 - l_0}{l_0} + \frac{\sigma_b^0}{E_s} \qquad (2-25)$$

式中：l_0 为不包含颈缩区拉伸前的测量标距；l_1 为拉伸断裂后不包含颈缩区的测量标距；σ_b^0 为实测钢筋拉断强度；E_s 为钢筋弹性模量。

（二）冷弯性能

冷弯试验是检验钢筋塑性的又一种方法。在对钢筋进行冷加工时，要形成满足设计要求的各种形状，其基本形式是钢筋的弯钩和弯折。冷弯试验如图 2-16 所示，其中 D 为辊轴直径，α 为冷弯角度。D 越小，弯折角度越大，钢筋的塑性性能越好。

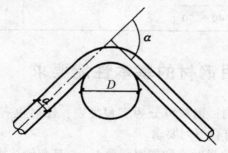

图 2-16　钢筋的冷弯

表 2-4 为我国国家标准对钢筋混凝土结构所用普通热轧钢筋（具有明显流幅）的机械性能做出的规定。

表 2-4　普通热轧钢筋机械性能的规定

品种外形	强度等级代号	符号	直径/mm	屈服应力 σ_s /MPa	抗拉强度 σ_b /MPa	伸长率 δ_5 /%	冷弯 D 为弯心直径 d 为钢筋公称直径
				不小于			
光圆钢筋	HPB300	φ	6～22	300	420	25	180°，$D = d$

品种 外形	强度 等级 代号	符号	直径/mm	屈服应力 σ_s /MPa	抗拉强度 σ_b /MPa	伸长率 δ_5 /%	冷弯 D 为弯心直径 d 为钢筋 公称直径
				不小于			
带肋 钢筋	HRB335 HRBF335	ϕ ϕ^F	6～25	335	455	17	180°, $D=3d$
			28～40				180°, $D=4d$
			40～50				180°, $D=5d$
	HRB400 HRBF400 RRB400	ϕ ϕ^F ϕ^R	6～25	400	540	16	180°, $D=4d$
			28～40				180°, $D=5d$
			40～50				180°, $D=6d$
	HRB500 HRBF500	ϕ ϕ^F	8～25	500	630	15	180°, $D=6d$
			28～40				180°, $D=7d$
			40～50				180°, $D=8d$

四、结构用钢材的基本性能要求

根据用途的不同，钢材可分为多种类别，性能也有很大差别，适用于工程结构的钢材须符合下列要求。

（1）较高的抗拉强度 f_u 和屈服强度 f_y。f_y 是衡量结构承载能力和确定强度设计值的重要指标，f_y 高则可减轻结构自重，节约钢材和降低造价。f_u 是衡量钢材经过较大变形后抵抗拉断的性能指标。

（2）较好的塑性和韧性。塑性好，结构在静载作用下有足够的应变能力，破坏前变形明显，可减轻或避免结构脆性破坏的发生，有利于结构的抗震。冲击韧性好，可在动荷载作用下破坏时吸收较多的能量，提高结构抵抗动力荷载的能力。

（3）良好的加工性能（包括冷加工、热加工和可焊性能）。钢材经常在常温下进行加工，良好的加工性能不但可保证钢材在加工过程中不发生裂纹或脆断，而且不致因加工而对结构的强度、塑性、韧性等造成较大的不利影响。焊缝强度设计值应按表 2-5 的规定采用。

表 2-5　焊缝强度设计值　　　　　　　　　单位：N/mm²

焊接方法和焊条型号	钢材牌号	厚度或直径/mm	对接焊缝强度设计值				角焊缝
			抗压 f_c^w	抗拉、抗弯 f_t^w		抗剪 f_v^w	抗拉、抗压、抗剪 f_f^w
				一级、二级	三级		
自动焊	Q235	≤16	215	215	185	125	160
半自动焊		16～40	205	205	175	120	
E43 型焊条的		40～60	200	200	170	115	
手工焊		60～100	190	190	160	110	
自动焊	Q345	≤16	315	315	270	185	200
半自动焊		16～25	300	300	255	175	
E50 型焊条的		35～50	270	270	230	155	
手工焊		50～100	250	250	210	145	
自动焊	Q390	≤16	350	350	300	205	220
半自动焊		16～25	335	335	285	190	
E55 型焊条的		35～50	315	315	270	180	
手工焊		50～100	295	295	250	170	

第三节　钢与混凝土黏结滑移性能

在混凝土结构中，钢筋和混凝土之间的黏结强度是两种材料共同工作的基本前提，能够保证混凝土结构构件共同承受外力、共同变形。混凝土结构的黏结问题在理论和工程实践上都有着重要意义。

一、黏结力的作用和组成

钢筋与混凝土能够结合在一起共同工作，主要有两个因素：一是二者具有相近的线膨胀系数；二是由于混凝土硬化后，钢筋与混凝土接触面上具有良好的黏结作用。若钢筋混凝土受力后，钢筋和混凝土产生变形差（相对滑移），沿钢筋与混凝土接触面上产生的剪应力，通常把这种剪应力称为黏结应力。

正是由于有黏结力的存在，才可以使钢筋和混凝土一起共同工作。图2-17为钢筋一端埋置在混凝土试件中，在钢筋伸出端施加拉拔力的拔出试验示意图。

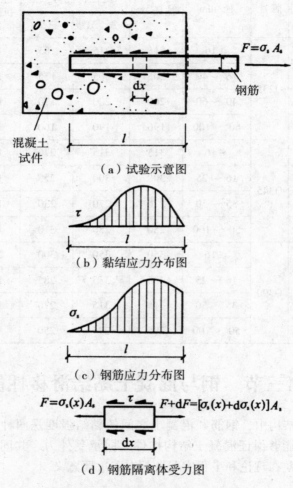

图2-17 光圆钢筋的拔出试验

钢筋与混凝土间的黏结力由三部分组成，分别为：

（1）混凝土中水泥凝胶体与钢筋表面的化学胶结力。

（2）混凝土结硬时，体积收缩时产生的摩擦力。

（3）钢筋表面粗糙不平或带肋钢筋的表面凸出肋条产生的机械咬合力。

其中胶结作用较小，在后两种作用中，光面钢筋以摩擦力为主，带肋钢筋以咬合作用为主。

二、黏结强度

在实际工程中，通常以拔出试验中黏结失效（钢筋被拔出或者混凝土被劈裂）时的最大平均黏结应力作为钢筋和混凝土的黏结强度。平均黏结应力 $\bar{\tau}$ 计算式为

$$\bar{\tau} = \frac{F}{\pi dl} = \frac{\sigma_s A_s}{\pi dl} \qquad (2-26)$$

式中：F 为拉拔力；d 为钢筋直径；l 为钢筋埋置长度。

四、影响黏结强度的因素

影响钢筋与混凝土之间黏结强度的因素主要有以下几点：

（1）混凝土强度等级。光圆钢筋及变形钢筋的黏结强度均随混凝土强度等级的提高而提高，但并不与立方体强度 f_{cu} 成正比。

（2）钢筋间距。钢筋混凝土构件截面上有多根钢筋并列一排时，钢筋之间的净距对黏结强度有重要影响。净距不足，钢筋外围混凝土将会发生在钢筋位置水平面上贯穿整个梁宽的劈裂裂缝（图 2-18）。图 2-19 所示是一组不同钢筋净距的梁进行黏结强度试验的结果。

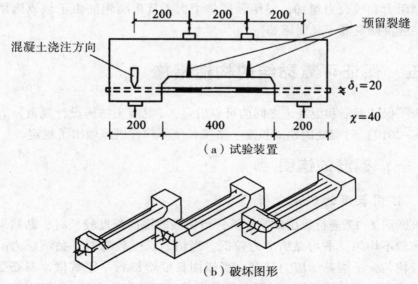

图 2-18　钢筋净距过小产生的黏结破坏（单位：mm）

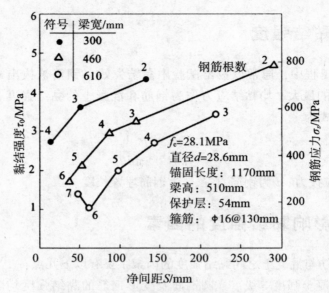

图 2-19　钢筋净距对黏结强度及钢筋应力的影响

（3）混凝土保护层厚度。混凝土保护层厚度对黏结强度有着重要影响。特别是采用带肋钢筋时，当混凝土保护层太薄时，则容易发生沿纵向钢筋方向的劈裂裂缝，并使黏结强度显著降低。

（4）侧向压应力。当钢筋受到侧向压应力时（如梁支承处下部钢筋），由于摩阻力和咬合力增加，黏结强度将增大，且带肋钢筋由于该原因增大的黏结强度明显高于光面钢筋。

五、保证可靠黏结的构造措施

为了保证钢筋和混凝土之间的可靠措施，《混凝土结构设计规范》（GB 50010—2010）对钢筋的锚固长度、搭接长度等构件措施做出了规定。

（一）钢筋的锚固

1. 锚固长度的理论分析

根据图 2-17 进行拔出试验分析，当钢筋的锚固长度较长时，黏结应力的分布较不均匀，平均黏结应力较低。当锚固长度较短时，黏结应力的分布比较均匀，平均黏结应力较高。当锚固长度增加到一定数值，钢筋受拉屈服时没有产生黏结破坏，这种临界情况的锚固长度称为基本锚固长度 l_a。

2. 锚固长度计算公式

《混凝土结构设计规范》（GB 50010—2010）规定，当计算中充分利用钢筋的抗拉强度时，基本锚固长度应按下式计算。

对于普通钢筋

$$l_a = \alpha \frac{f_y}{f_t} d \qquad (2-27)$$

对于预应力钢筋

$$l_a = \alpha \frac{f_{py}}{f_t} d \qquad (2-28)$$

式中：l_a 为受拉钢筋的基本锚固长度；f_y、f_{py} 分别为普通钢筋、预应力钢筋的抗拉强度设计值；f_t 为混凝土轴心抗拉强度设计值，当混凝土强度等级大于 C60 时按 C60 取值；d 为锚固钢筋的直径；α 为锚固钢筋的外形系数，按表 2-6 取用。

表 2-6　锚固钢筋的外形系数 α

钢筋类型	光圆钢筋	带肋钢筋	螺旋肋钢筋	三股钢绞线	七股钢绞线
α	0.16	0.14	0.13	0.16	0.17

注：光面钢筋系指 HPB300 级钢筋，其末端应做 180° 弯钩，弯后平直段长度不应小于 $3d$，但作受压钢筋时可不做弯钩。

受拉钢筋的锚固长度应根据锚固条件按下式计算：

$$l_a = \zeta_a l_{ab} \qquad (2-29)$$

式中：l_a 为受拉钢筋的锚固长度，并且不应小于 200mm。ζ_a 为锚固长度修正系数。

对于纵向受拉普通钢筋，按下述要求进行取值：当多于一项时，可按连乘计算，但不应小于 0.6；对于预应力钢筋，可取 1.0。

当符合下列条件时，计算的锚固长度修正系数取值应满足以下要求。

（1）对于纵向受拉普通钢筋，带肋钢筋的直径大于 25mm 时，锚固长度修正系数取 1.1。

（2）环氧树脂涂层钢筋，锚固长度修正系数取 1.25。

（3）当钢筋在混凝土施工过程中易受扰动（如滑模施工）时，锚固长度修正系数取 1.1。

机械锚固的形式及构造要求宜按图 2-20 采用。

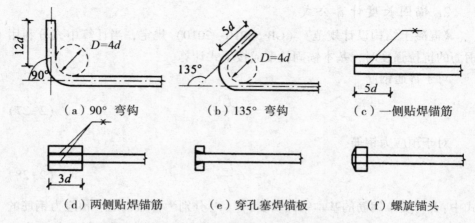

（a）90°弯钩　　　　　（b）135°弯钩　　　　　（c）一侧贴焊锚筋

（d）两侧贴焊锚筋　　　　（e）穿孔塞焊锚板　　　　（f）螺旋锚头

图 2-20　钢筋弯钩和机械锚固的形式及构造技术措施

（二）钢筋的连接

钢筋的搭接连接实际上是通过黏结应力将一根钢筋的拉力传递给另一根钢筋。位于两根搭接钢筋之间的混凝土受到肋的斜向挤压力作用，如同一斜压杆。肋对混凝土的斜向挤压力的径向分力同样使外围保护层混凝土中产生横向拉力。由于搭接区段外围混凝土承受着两根钢筋所产生的劈裂力，当保护层混凝土不足或缺乏必要的横向钢筋时，将更容易出现纵向劈裂破坏。

受力钢筋的接头宜设置在受力较小处。在同一根钢筋上宜少设接头。在结构的重要构件和关键传力部位，纵向受力钢筋不宜设置连接接头。

对于轴心受拉及小偏心受拉杆件（如桁架和拱的拉杆）的纵向受力钢筋不得采用绑扎搭接接头。其他构件中的钢筋采用绑扎搭接时，受拉钢筋的直径 d 不宜大于 25mm，受压钢筋的直径 d 不宜大于 28mm。

对于同一构件中相邻纵向受力钢筋的绑扎搭接接头宜相互错开。

钢筋绑扎搭接接头连接区段的长度为 1.3 倍搭接长度，凡搭接接头中点位于该连接区段长度内的搭接接头均属于同一连接区段。同一连接区段内纵向钢筋搭接接头面积百分率为该区段内有搭接接头的纵向受力钢筋截面面积与全部纵向受力钢筋截面面积的比值（图 2-21）。

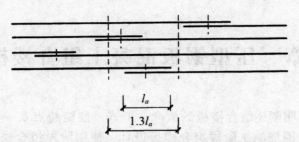

图2-21　同一连接区段内的纵向受拉钢筋绑扎搭接接头

第三章　压型钢板混凝土组合楼板设计

本章在简明阐述组合楼板的概念、形式、性能特点及一般设计原则的基础上，重点围绕施工阶段组合楼板设计、使用阶段组合楼板设计、组合楼板的构造要求展开讨论，最后运用工程实例来分析组合楼板在工程中的具体作用。

第一节　组合楼板的概念

一、组合楼板的定义及构造

压型钢板与混凝土组合楼板是指在压型钢板上浇筑混凝土并通过相关构造措施使压型钢板与混凝土两者组合形成整体共同工作的受弯板件，简称为组合板，如图 3-1 所示。

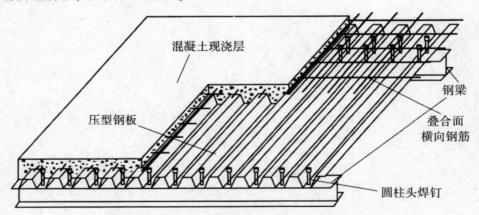

图 3-1　压型钢板与混凝土组合楼板构造示意图

压型钢板与混凝土组合楼板中的压型钢板在早期主要是作为浇筑混凝土板的永久性模板和施工平台使用，后经研究发展，压型钢板不仅可以在组合板中起到永久性模板和施工平台的作用，而且通过加强压型钢板与混凝土之间的构造要求，压型钢板与混凝土能够黏结成整体共同工作，从而有效提高组合板的强度及刚度，同时压型钢板可以部分甚至全部替代混凝土板中底部纵向受力钢筋，从而减小纵向受力钢筋用量且减少钢筋制作及安装费用。压型钢板与混凝土组合板主要应用于多、高层建筑及工业厂房中，目前压型钢板与混凝土组合板在城市及公路桥梁中也得到了一定应用。

二、压型钢板的形式

压型钢板与混凝土之间的整体共同工作性能是组合板受力性能优劣的关键，因而，为加强压型钢板与混凝土之间的共同工作性能，通常在压型钢板表面形式、压型钢板截面形状或者压型钢板端部进行一定的构造处理从而更好实现界面之间的纵向剪力传递，按照压型钢板的纵向剪力传递机制，可以将压型钢板分为以下 4 种形式：

（1）特殊截面形式的压型钢板截面形式（闭口型压型钢板、缩口型压型钢板），通过压型钢板与混凝土之间的锲合作用来增加压型钢板与混凝土之间的摩擦粘结，如图 3-2（a）所示。

（2）带有压痕（轧制凹凸槽痕）或加劲肋的压型钢板，通过压型钢板的表面形状来增加压型钢板与混凝土之间的机械粘结作用，如图 3-2（b）所示。

（3）上翼缘焊接横向钢筋或在压型钢板表面冲孔的压型钢板，通过机械咬合作用来增加压型钢板与混凝土之间的机械粘结作用，如图 3-2（c）所示。

（4）端部设置栓钉或者进行特殊构造处理的压型钢板，通过机械作用提高组合板端部锚固作用，避免组合板端部掀起和滑移发生，如图 3-2（d）所示。

三、组合板与非组合板

在压型钢板与混凝土组成的板中，根据构造措施及施工工艺可以分为压型钢板与混凝土组合板和压型钢板与混凝土非组合板两大类。这两类的区别有以下几点：

（1）在使用阶段，非组合板的压型钢板不代替混凝土板的受拉钢筋，属于非受力钢板，可按普通混凝土板计算其承载力；而组合板的压型钢板作为混凝土板的受拉钢筋，属受力钢板，可以减少钢筋的制作与安装工作量。

（2）非组合板中的压型钢板不起混凝土板内的受拉钢筋作用，可不喷涂防火涂料，但宜采用具有防锈功能的镀锌板；组合板中的压型钢板起受

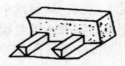

（a）特殊截面形式的压型钢板截面形式

（b）带有压痕（轧制凹凸槽痕）或加劲肋的压型钢板

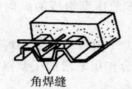

角焊缝

（c）上翼缘焊接横向钢筋或在压型钢板表面冲孔的压型钢板

（d）端部设置栓钉或者进行特殊构造处理的压型钢板

图3-2　压型钢板与混凝土组合板主要形式

力钢筋的作用，且宜采用镀锌量不多的压型钢板，并在板底喷涂防火涂料。

（3）非组合板的压型钢板与混凝土之间的叠合面可放松要求，不要求采用带有特殊波槽、压痕的压型钢板或采取其他措施；而组合板的压型钢板在使用阶段作为受拉钢筋使用，为了传递压型钢板与混凝土叠合面之间的纵向剪力，需采用圆柱头焊钉或齿槽以传递压型钢板与混凝土叠合面之间的剪力。

四、组合楼板的性能特点

与普通钢筋混凝土楼板相比，压型钢板与混凝土组合板具有以下优点：

（1）压型钢板可以作为浇筑混凝土的永久模板，省掉了施工中安装和拆除模板等工序，从而能够大大加快施工进度。

（2）在使用阶段，通过与混凝土的组合作用，带压痕的压型钢板可以部分或完全代替楼板中的受力钢筋，从而减小了钢筋的制作与安装工作量。

（3）压型钢板的肋部便于铺设水、电、通信等管线，使结构层与管线合为一体，从而可以增大层高或降低建筑总高度，提高建筑设计的灵活性。

（4）在施工阶段，压型钢板可作为钢梁的侧向支撑，提高了钢梁的整体稳定性。

第二节 组合楼板设计的一般原则

一、施工阶段

在施工阶段混凝土尚未达到设计强度之前，楼板上的荷载（包括施工荷载）均由作为浇筑混凝土底模的压型钢板承担，应验算压型钢板的强度和变形。

施工阶段，压型钢板作为模板，应计算以下荷载。

（1）永久荷载：压型钢板、钢筋和混凝土自重。

（2）可变荷载：施工荷载，应以施工实际荷载为依据。

施工阶段，压型钢板应沿强边（顺肋）方向按单向板计算。

二、使用阶段

在使用阶段，混凝土达到设计强度，荷载由混凝土与压型钢板共同承担，应验算其正截面的抗弯承载力、斜截面抗剪承载力、纵向抗剪承载力、局部荷载作用下的抗冲切承载力。同时，还需对使用阶段的组合板进行变形与裂缝验算。使用阶段的组合板正截面承载力一般按照塑性方法进行计算，组合板截面上的受压区混凝土、压型钢板以及钢筋均达到其强度设计值。

（一）组合板的内力计算原则

当压型钢板肋顶以上混凝土厚度为 $50 \sim 100mm$ 时，组合板可沿强边（顺肋）方向按单向板计算。

当压型钢板肋顶以上混凝土厚度 $h_c > 100mm$ 时，应根据有效边长比 λ_e，按下列规定进行计算：

（1）当 $\lambda_e < 0.5$ 时，按强边方向单向板进行计算。

（2）当 $\lambda_e > 2.0$ 时，按弱边方向单向板进行计算。

（3）当 $0.5 \leqslant \lambda_e \leqslant 2.0$ 时，按正交异性双向板计算。

有效边长 λ_e 可按下列公式计算：

$$\lambda_e = \frac{l_x}{\mu l_y} \tag{3-1}$$

$$\mu = \left(\frac{I_x}{I_y}\right)^{1/4} \tag{3-2}$$

式中：μ 为板的各向异性系数；I_x 为组合板强边方向计算宽度的截面惯性矩；I_y 为组合板弱边方向计算宽度的截面惯性矩，只考虑压型钢板肋顶以上混凝土的厚度 h_c；l_x、l_y 分别为组合板强边、弱边方向的边长。

（二）正交异性双向板的计算

正交异性双向板对边长修正后，可简化等效各向同性板。计算强边方向弯矩 M_x 时，弱边方向等效边长可取 μl_y，按各向同性板计算 M_x；计算弱边方向弯矩 M_y 时，强边方向等效边长可取 l_x/μ，按各向同性板计算 M_y，其计算边长如图 3-3 所示。

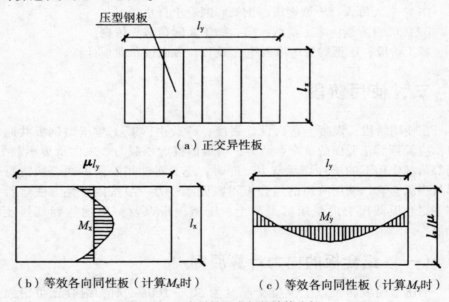

（a）正交异性板

（b）等效各向同性板（计算 M_x 时）　　（c）等效各向同性板（计算 M_y 时）

图 3-3　正交异性双向板的计算边长

（三）四边简支双向组合板的设计原则

对于四边简支双向组合板，其强边方向可按组合板设计；考虑弱边方向受力时，可按板厚 h_0 的普通混凝土板计算。

（四）　双向组合板周边支承条件确定原则

当双向组合板两个方向的跨度大致相等且相邻跨连续时，应将其周边视为固定边；当相邻跨度相差较大时或压型钢板以上的混凝土板不连续时，应视为简支边。

（五）　局部荷载作用下的组合板有效工作宽度 b_e 的确定

在局部集中（线）荷载作用下，组合板尚应单独验算，假设荷载按 45°角扩散传递，如图 3-4 所示，其有效工作宽度 b_e 应按下式确定。

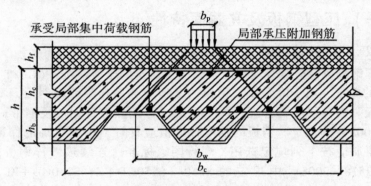

图 3-4　局部荷载分布有效宽度

受弯计算时，对简支板有

$$b_e = b_w + 2l_p(1 - l_p/l) \tag{3-3}$$

对连续板有

$$b_e = b_w + 4l_p(1 - l_p/l)/3 \tag{3-4}$$

受剪计算时，有

$$b_e = b_w + l_p(1 - l_p/l) \tag{3-5}$$

$$b_w = b_p + 2(h_c + h_f) \tag{3-6}$$

式中：l 为组合板跨度，mm；l_p 为荷载作用点至板支座的较近距离，mm；b_e 为局部荷载在组合板中的有效工作宽度，mm；b_w 为局部荷载在压型钢板中的工作宽度，mm；b_p 为局部荷载宽度，mm；h_c 为压型钢板肋顶以上混凝土厚度，mm；h_f 为地面饰面层厚度，mm。

第三节 施工阶段组合楼板设计

一、施工阶段压型钢板设计

在施工阶段压型钢板作为浇筑混凝土的底模，应对其强度与变形进行验算。施工阶段应考虑的荷载包括压型钢板与钢筋、混凝土自重等永久荷载以及施工荷载与附加荷载等可变荷载。

（一）压型钢板及其截面特性

1. 压型钢板的材料

压型钢板质量应符合现行国家标准《建筑用压型钢板》（GB/T 12755—2008）的要求，用于冷弯压型钢板的基板应选用热浸镀锌钢板，不宜选用镀铝锌板。镀锌层应符合现行国家标准《连续热镀锌钢板及钢带》（GB/T 2518—2008）的规定。钢板的强度标准值应具有不小于95%的保证率，压型钢板材质应按下列规定选用：现行国家标准《连续热镀锌钢板及钢带》（GB/T 2518—2008）中规定的 S250（S250GD＋Z、S250GD＋ZF）、S350（S350GD＋Z、S350GD＋ZF）、S550（S550GD＋Z、S550GD＋ZF）牌号的结构用钢；现行国家标准《碳素结构钢》（GB/T 700—2006）和《低合金高强度结构钢》（GB/T 1591—2018）中规定的 Q235、Q345 牌号钢。

压型钢板强度设计值见表 3-1。

表 3-1　压型钢板强度设计值　　　　　　　　单位：N/mm²

牌号	S250	S350	S550	Q235	Q345
f_a	205	290	395	205	300
f_{av}	120	170	230	120	175

钢板的弹性模量见表 3-2。

表 3-2　钢板的弹性模量　　　　　　　　单位：×10⁵N/mm²

钢材品种	冷轧钢板	热轧钢板
E_s	1.90	2.06

2. 压型钢板的截面尺寸要求

压型钢板腹板与翼缘水平板之间的夹角 θ 不宜小于45°，用于组合板的压型钢板净厚度（不含镀锌或饰面层厚度）应为 $0.75 \sim 1.6\text{mm}$，一般宜取 1mm 或 1.2mm，主要防止压型钢板刚度太小。

为便于混凝土的浇筑，压型钢板上口槽宽 b_w 不应小于 50mm。

压型钢板的各部板件（受压翼缘和腹板）的宽（高）厚比符合下式要求：

$$b_t/t \leqslant [b_t/t] \quad \text{或} \quad h_p/t \leqslant [h_p/t] \tag{3-7}$$

式中：b_t 为压型钢板受压翼缘在相邻支撑点之间的有效计算宽度；h_p 为压型钢板的腹板高度；t 为压型钢板的基板厚度；$[b_t/t]$（$[h_p/t]$）为压型钢板的容量最大宽（高）厚比，见表 3-3。

表 3-3　压型钢板各板件的容许最大宽（高）厚比

压型钢板		最大宽（高）厚比 $[b_t/t]$ 或 $[h_p/t]$
板件	支撑条件	
受压翼缘板	两边支撑（有中间加劲肋时含加劲肋）	500
	一边支撑，一边卷边	60
	一边支撑，一边自由	60
腹板	无加劲肋	200

3. 压型钢板的型号及截面特性

国产部分压型钢板的型号和截面特性如图 3-5 和表 3-4 所示。

表 3-4　国产部分压型钢板规格与参数

板型	板厚 /mm	重量/（kg/m）		断面性能（1m 宽）			
				全截面		有效宽度	
		未镀锌	镀锌 Z27	惯性矩 I /（cm⁴/m）	截面系数 W /（cm³/m）	惯性矩 I /（cm⁴/m）	截面系数 W/（cm³/m）
YX-75-230-690（I）	0.8	9.96	10.6	117	29.3	82	18.8
	1.0	12.4	13.0	145	36.3	110	26.2
	1.2	14.9	15.5	173	43.2	140	34.5
	1.6	19.7	20.3	226	56.4	204	54.1
	2.3	28.1	28.7	316	79.1	316	79.1

板型	板厚 /mm	重量/（kg/m）		断面性能（1m 宽）			
		未镀锌	镀锌 Z27	全截面		有效宽度	
				惯性矩 I /（cm⁴/m）	截面系数 W /（cm³/m）	惯性矩 I /（cm⁴/m）	截面系数 W/（cm³/m）
YX-75-230-690（II）	0.8	9.96	10.6	117	29.3	82	18.8
	1.0	12.4	13.0	146	36.5	110	26.2
	1.2	14.8	15.4	174	43.4	140	34.5
	1.6	19.7	20.3	228	57.0	204	54.1
	2.3	28.0	28.6	318	79.5	318	79.5
YX-75-200-600（I）	1.2	15.7	16.3	168	38.4	137	35.9
	1.6	20.8	21.3	220	50.2	200	48.9
	2.3	29.5	30.2	306	70.1	309	70.1
YX-75-200-600（II）	1.2	15.6	16.3	169	38.7	137	35.9
	1.6	20.7	21.3	220	50.7	200	48.9
	2.3	29.5	30.2	309	70.6	309	70.6
YX-70-200-600	0.8	10.5	11.1	110	26.6	76.8	20.5
	1.0	13.1	13.6	137	33.3	96	25.7
	1.2	15.7	16.2	164	40	115	30.6
	1.6	20.9	21.5	219	53.3	163	40.8

当压型钢板的受压翼缘宽厚比 $[b_t/t]$ 满足要求时，其截面特性可按实际全截面进行计算。

当压型钢板的受压翼缘宽厚比 $[b_t/t]$ 不能满足要求时，其截面特性应按其有效截面进行计算。压型钢板的有效截面主要取决于压型钢板受压翼缘的有效宽度 b_{ef}。

4. 压型钢板受压翼缘的有效宽度

组合板的压型钢板由腹板和翼缘组成波状外形，翼缘与腹板之间通过接触面上的纵向剪应力来传递应力。翼缘横截面上的纵向应力一般分布不均匀，在与腹板交接处的应力最大，距腹板越远处，应力越小，并呈曲线递减。

当压型钢板受压翼缘宽度较大且受力达到极限状态时，距腹板较远处的受压翼缘的压应力较小，整个受压翼缘宽度没有充分发挥材料性能。在

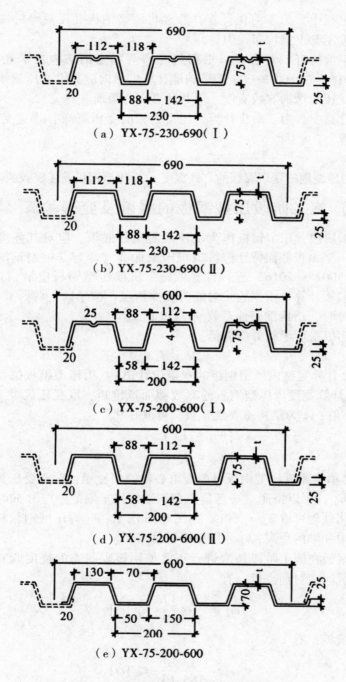

图 3-5　压型钢板板型（单位：mm）

实际设计过程中，为了简化计算，通常将压型钢板受压翼缘的应力分布简化成在有效宽度上的均布应力。

压型钢板的有效宽度可以根据《冷弯薄壁型钢结构技术规范》（GB 50018—2016）中的相关规定，精确地计算出纵向应力沿受压翼缘宽度的分布情况和受压翼缘的有效宽度，但其计算十分烦琐。

实际计算中，为了简化计算，压型钢板的受压翼缘有效宽度 b_{ef} 可按下式简化计算：

$$b_{ef} = 50t \tag{3-8}$$

式中：b_{ef} 为压型钢板受压翼缘的有效宽度；t 为压型钢板受压翼缘的基板厚度。

（二）施工阶段压型钢板的强度及变形验算

在施工阶段，压型钢板作为浇注混凝土的底模，应对其强度和变形进行验算。压型钢板截面特性应按现行国家标准《冷弯薄壁型钢结构技术规范》（GB 50018—2016）进行计算。施工阶段压型钢板应沿强边（顺肋）方向按单向板计算，根据施工时临时支撑情况，按单跨、两跨或多跨计算；承载力计算时，结构重要性系数 γ_0 可取 0.9。

压型钢板受弯承载力应满足：

$$\gamma_0 M \leqslant f_a W_{ae} \tag{3-9}$$

式中：M 为计算宽度内压型钢板的弯矩设计值；f_a 为压型钢板抗拉强度设计值；W_{ae} 为计算宽度内压型钢板的有效截面抵抗矩，取受压区 W_{ae} 与受拉区 W_{ae} 的较小值；γ_0 为结构重要性系数，可取 0.9。

$$\begin{cases} W_{sc} = I_s/X_c \\ W_{st} = I_s/(h_a - X_c) \end{cases} \tag{3-10}$$

式中：I_s 为单位宽度压型钢板对截面重心轴的惯性矩，对于受压翼缘的计算有效宽度 b_{ef}，可以按照《冷弯薄壁型钢结构技术规范》（GB 50018—2016）计算，简化处理可取 $b_{ef} = 50t$，如图 3-6 所示；X_c 为压型钢板从受压翼缘外边缘到中和轴的距离；h_a 为压型钢板总高度。

压型钢板在施工阶段还应进行正常使用极限状态的挠度验算，当作用有均匀荷载时，对简支板，有

$$\omega_s = \frac{5}{384} \frac{S_s L^4}{EI_s} \leqslant [\omega] \tag{3-11}$$

对两跨连续板，有

$$\omega_s = \frac{1}{185} \frac{S_s L^4}{EI_s} \leqslant [\omega] \tag{3-12}$$

式中：S_s 为荷载短期效应组合的设计值；E 为压型钢板弹性模量；I_s 为单位宽

度压型钢板的全截面惯性矩；$[\omega]$ 为容许挠度，取 $L/180$ 及 20mm 的较小值；L 为压型钢板跨度。

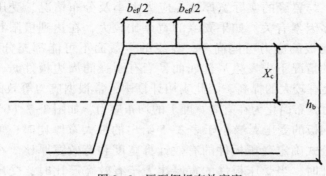

图 3-6　压型钢板有效宽度

二、施工阶段组合板承载能力计算

（一）压型钢板与混凝土组合板施工阶段验算原则

在施工阶段，压型钢板应按以下原则验算：

（1）不加临时支撑时，压型钢板承受施工时的所有荷载，不考虑混凝土承载作用，即施工阶段按纯压型钢板进行承载力和变形验算。

（2）在施工阶段要求压型钢板处于弹性阶段，不能产生塑性变形，所以压型钢板强度和挠度验算均采用弹性方法计算。

（3）仅按单向板强边（顺肋）方向验算正、负弯矩承载力和相应挠度是否满足要求，弱边（垂直肋）方向不计算，也不进行压型钢板抗剪等其他验算。

（4）压型钢板的计算简图应按实际支承跨数及跨度尺寸确定，但考虑到实际施工时的下料情况，一般按简支单跨板或两跨连续板进行验算。

（5）若施工阶段验算过程中出现压型钢板承载力或挠度不能满足规范要求或设计要求，可通过适当调整组合板跨度、压型钢板厚度或加设临时支撑等办法来满足要求。

（二）受压翼缘有效翼缘宽度计算

压型钢板均由薄钢板制作，由腹板和翼缘组成各种形状。翼缘与腹板上的应力是通过两者交界面上的纵向剪应力传递的。由弹性力学分析可知，受压翼缘截面上的纵向压应力存在剪力滞后现象，由于剪力滞后效应，导致纵向正应力在与腹板相交处的应力最大，距腹板越远，应力越小，其应力分布呈曲线形，如图 3-7（a）所示。剪力滞后现象所导致的应力分布不均匀的情况，与翼缘的实际宽厚比、应力大小及分布情况、受压钢板的支承形式等诸多因素有关。如果翼缘的宽厚比较大，在达到极限状态时，距腹板较远处钢板的应力可能尚小，翼缘的全截面不可能都充分发挥作用，甚至在受压的情况下先发生局部屈曲，当有刚强的周边板件时，其屈曲后的承载力还会有较大的提高。因此实用计算中，常根据应力等效的原则，把翼缘上的应力分布简化为在有效宽度上的均布应力，如图 3-7（b）所示。

当压型钢板的受压翼缘小于表 3-5 给出的最大宽厚比时，可按表 3-6 给出的相应公式确定受压板件的有效计算宽度和有效宽厚比。在计算压型钢板截面特征时，当受压板件的宽厚比大于有效宽厚比时，受压区宽度应按有效翼缘宽度计算。

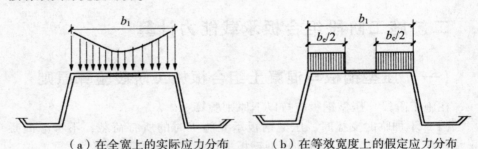

（a）在全宽上的实际应力分布　　　（b）在等效宽度上的假定应力分布

图 3-7　压型钢板翼缘上的应力分布

表 3-5　受压翼缘板件的最大宽厚比

翼缘板件支承条件	宽厚比 b_t/t
两边支承（有中间加劲肋时，包括中间加劲肋）	500
一边支承、一边卷边	60
一边支承、一边自由	60

表 3-6　压型钢板受压翼缘有效计算宽度的公式

板元的受力状态	计算公式
1. 两边支承，无中间加劲肋； 2. 两边支承，上下翼缘不对称，$b_t/t > 160$； 3. 一边支承，一边卷边，$b_t/t \leqslant 60$； 4. 有 1～2 个中间加劲肋的两边支承受压翼缘，$b_t/t \leqslant 60$	当 $b_t/t \leqslant 1.2\sqrt{E/\sigma_c}$ 时，$b_e = b_t$； 当 $b_t/t > 1.2\sqrt{E/\sigma_c}$ 时， $b_e = 1.77\sqrt{E/\sigma_c}\left(1 - \dfrac{0.387}{b_t/t}\sqrt{E/\sigma_c}\right)t$

板元的受力状态	计算公式
5. 一边支承，一边卷边，$b_t/t > 60$； 6. 有 $1 \sim 2$ 个中间加劲肋的两边支承受压翼缘，$b_t/t > 60$	$b_e^{re} = b_e - 0.1(b_t/t - 60)t,$ 其中 $b_e = 1.77\sqrt{E/\sigma_c}\left(1 - \dfrac{0.387}{b_t/t}\sqrt{E/\sigma_c}\right)t$
7. 一边支承，一边自由	当 $b_t/t \leqslant 0.39\sqrt{E/\sigma_c}$ 时，$b_e = b_t$； 当 $0.39\sqrt{E/\sigma_c} < b_t/t \leqslant 1.26\sqrt{E/\sigma_c}$ 时，$b_e = 0.58\sqrt{E/\sigma_c}\left(1 - \dfrac{0.126}{b_t/t}\sqrt{E/\sigma_c}\right)t$； 当 $1.26\sqrt{E/\sigma_c} < b_t/t \leqslant 60$ 时，$b_e = 1.02t\sqrt{E/\sigma_c} - 0.39b_t$

注：b_e 为受压翼缘的有效计算宽度，mm；b_e^{re} 为折减的有效计算宽度，mm；b_t 为受压翼缘的实际宽度，mm；t 为压型钢板的板厚，mm；σ_c 为按有效截面计算时，受压翼缘板支承边缘处的实际应力，N/mm²；E 为板材的弹性模量，N/mm²。

应当指出，由于 σ_c 是未知的，因此计算时可先假定一个 σ_c 的初值，然后经反复迭代求解 b_e，计算相当烦琐，而通常情况下组合板中采用的压型钢板形状较简单，在实用计算中，常取 $b_e = 50t$。

（三）　组合板施工阶段截面承载力验算

（1）压型钢板的正截面受弯承载力按钢结构弹性承载力计算理论，即压型钢板最大拉压应力要满足下式要求

$$\begin{cases} \sigma_{sc} = \dfrac{M}{W_{sc}} \leqslant f \\[2mm] \sigma_{st} = \dfrac{M}{W_{st}} \leqslant f \end{cases} \tag{3-13}$$

式中：M 为计算宽度（一个波宽）内压型钢板施工阶段弯矩设计值；f 为压型钢板抗弯强度设计值；W_{sc}、W_{st} 为计算宽度（一个波宽）内压型钢板的受压区截面抵抗矩和受拉区截面抵抗矩，当压型钢板受翼缘宽度大于有效截面宽度时，按有效截面进行计算。受压区截面抵抗矩为

$$W_{sc} = \frac{I_s}{x_c} \tag{3-14}$$

受拉区截面抵抗矩为

$$W_{st} = \frac{I_s}{h_s - x_c} \tag{3-15}$$

式中：I_s 为单位宽度（一个波宽内）上压型钢板对截面中和轴的惯性矩，当压型钢板受压翼缘宽度大于有效截面宽度时，按有效截面进行计算；x_c 为压型钢板中和轴到截面受压区边缘的距离；h_s 为压型钢板的总高度。

（2）压型钢板腹板的剪应力应符合下列公式的要求：当 $h/t < 100$ 时

$$\tau \leqslant \tau_{cr} = \frac{8550}{h/t} \tag{3-16}$$

$$\tau \leqslant f_v \tag{3-17}$$

式中：τ 为腹板的平均剪应力（N/mm^2）；τ_{cr} 为腹板的剪切屈曲临界剪应力；h/t 为腹板的高厚比；f_v 为压型钢板的抗剪强度设计值。

（3）压型钢板支座处的腹板，应按下式验算其局部受压承载力

$$R \leqslant R_w \tag{3-18}$$

$$R_w = at^2 \sqrt{fE}\left(0.5 + \sqrt{0.02 l_c/t}\,\right)\left[2.4 + (\theta/90)^2\right] \tag{3-19}$$

式中：R 为支座反力；R_w 为一块腹板的局部受压承载力设计值；a 为系数，中间支座取 $a = 0.12$，端部支座取 $a = 0.06$；t 为腹板厚度（mm）；l_c 为支座处的支承长度，$10mm < l_c < 200mm$，端部支座可取 $l_c = 10mm$；θ 为腹板倾角，$45° < \theta < 90°$。

（4）压型钢板同时承受弯矩 M 和支座反力 R 的截面，应满足下列要求

$$M/M_u \leqslant 1.0 \tag{3-20}$$

$$R/R_w \leqslant 1.0 \tag{3-21}$$

$$M/M_u + R/R_w \leqslant 1.25 \tag{3-22}$$

式中：M_u 为截面的弯曲承载力设计值，$M_u = W_e f$，其中 W_e 为有效截面抵抗矩。

（5）压型钢板同时承受弯矩 M 和剪力 V 的截面，应满足下列要求

$$\left(\frac{M}{M_u}\right)^2 + \left(\frac{V}{V_u}\right)^2 \leqslant 1 \tag{3-23}$$

$$V_u = (ht \cdot \sin\theta)\tau_{cr} \tag{3-24}$$

式中：V_u 为腹板的抗剪承载力设计值；τ_{cr} 为按式（3-16）计算。

（6）在压型钢板的一个波距上作用几种荷载 P 时，可按下式将集中荷载下这算成沿板宽方向的均布线荷载 q_{re}，并按 q_{re} 进行单个波距或整块压型钢板有效截面的弯曲计算，即

$$q_{re} = \eta \frac{P}{b_1} \tag{3-25}$$

式中：P 为集中荷载；b_1 为压型钢板的波距；η 为折算系数，由试验确定，无试验依据时，可取 $\eta = 0.5$。

屋面压型钢板的施工或检修集中荷载按 0.1kN 计算，当施工荷载超过

1.0kN 时，则应按实际情况取用。

三、施工阶段组合板变形计算

在施工阶段，混凝土尚未达到其设计强度，因此不考虑压型钢板与混凝土的组合效应，变形计算中仅考虑压型钢板的抗弯刚度。

均布荷载作用下压型钢板的挠度为

$$\Delta_1 = \alpha \frac{q_{1k} l^4}{E_{ss} I_s} \qquad (3-26)$$

式中：q_{1k} 为施工阶段作用在压型钢板计算宽度上的均匀荷载标准值；E_{ss} 为压型钢板的钢材弹性模量；I_s 为单位宽度（一个波宽内）上压型钢板的截面惯性矩，受压翼缘按等效翼缘宽度考虑；l 为压型钢板的计算跨度；α 为挠度系数，对简支板，$\alpha = \dfrac{5}{384}$，对两跨连续板，$\alpha = \dfrac{1}{185}$。

压型钢板的挠度应满足条件 $\Delta_1 \leqslant \Delta_{lim}$，其中 Δ_{lim} 为规范允许的挠度限值，取 $l/180$ 及 20mm 的较小值，l 为板的跨度。

如果施工阶段组合板变形验算不能满足规范要求，应采取加临时支撑等措施来减小施工阶段压型钢板的变形。应该注意到，施工阶段变形要求往往是组合板板厚、压型钢板板厚和组合板跨度选择的控制因素。

第四节　使用阶段组合楼板设计

组合板在使用阶段的截面设计应保证具有足够抵抗各种可能的极限状态破坏的模式。应进行正截面抗弯能力、纵向抗剪能力、抗冲剪能力、斜截面抗剪能力等破坏状态计算。对连续组合板还应进行负弯矩区段的截面强度与裂缝宽度验算。

一、组合板的典型破坏形态

组合板承载能力试验研究一般采用两点对称集中单调加载（图 3-8）。组合板破坏模式主要受到组合板连接程度、组合板荷载形式以及组合板名义剪跨比等因素影响，试验研究中一般通过改变试验加载名义剪跨比（加载段跨度与组合板截面高度比）来研究组合板不同破坏形态（图 3-9）。压型钢板与混凝土组合板在承载力极限状态下，可能发生弯曲破坏、纵向剪切粘结破坏、斜截面剪切破坏、局部冲切破坏、压型钢板局部屈曲失稳破坏等多种破坏模式。当组合板具有可靠连接（例如足够端部锚固），而且名义剪跨比较大（组合板板跨与组合板截面高度相比较大）时，组合板易发生弯曲破坏；而当组合板连接程度不足以形成完全剪切连接并且名义剪跨比较大时，组合板极可能发生纵向剪切粘结破坏；当组合板连接名义剪跨比较小，并承受较大荷载，则可能发生斜截面破坏。

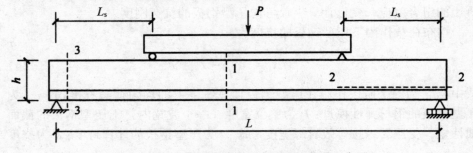

图 3-8　组合板试验方式及主要破坏截面示意图

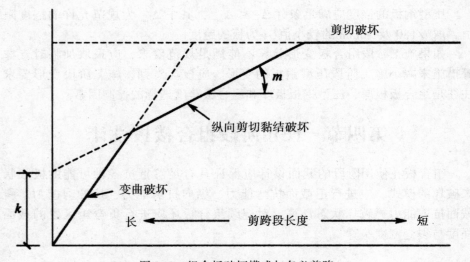

图 3-9　组合板破坏模式与名义剪跨

（一）弯曲破坏

如果压型钢板与混凝土之间有可靠的连接，组合板最有可能发生沿最大弯矩截面的弯曲破坏。试验研究表明，组合板弯曲破坏形态主要特点是首先在跨中出现多条垂直弯曲裂缝，随后钢板底部受拉屈服，在达到极限荷载时，跨中截面受压区混凝土压碎，图3-10（a）为组合板典型弯曲破坏图片。同时，试验研究表明在组合板发生弯曲破坏时，也经常会伴随出现压型钢板纵向水平裂缝和加载支座处斜裂缝。

（二）　斜截面剪切破坏

这种破坏模式在板中一般不常见，只有当组合板的名义剪跨比较小（截面高度与板跨之比很大）而荷载又比较大时，尤其是在集中荷载作用时，易在支座最大剪力处发生沿斜截面的剪切破坏。因此，在较厚的组合板中，如果混凝土的抗剪能力不足尚应设置箍筋以提高组合板的斜截面抗剪能力来抵抗竖向剪力。图 3-10（c）为组合板斜截面剪切破坏形态。

（a）弯曲破坏形态　　　（b）纵向剪切破坏　　　（c）斜截面剪切破坏

图 3-10　组合板典型破坏形态

（三）　局部冲切破坏

当组合板比较薄，并且在局部作用有较大集中荷载时，可能发生组合板局部冲切破坏。在设计过程中，对于较大集中荷载作用的组合板需要进行局部抗冲切验算，当组合板抗冲切能力不能满足要求时，应在组合板上部适当配置分布钢筋，并在集中荷载作用范围内适当配置承受冲切的附加钢箍或吊筋。

二、使用阶段组合板承载能力计算

（一）　使用阶段荷载取值

（1）永久荷载。包括压型钢板及混凝土自重、面层及构造层（保温层、找平层、防水层、隔热层）重量、楼板下吊挂的天棚、管道等重量。

（2）可变荷载。主要包括板面使用活荷载、安装荷载及设备检修荷载等。

（二）　组合板上集中荷载有效分布宽度

组合板在局部荷载（集中点荷载或者线荷载）作用下，应该按照荷载扩散传递原则确定荷载的有效分布宽度 b_{ef}（图 3-11）。

（1）受弯计算时，对简支板，有

$$b_{ef} = b_{eq} + 2a\left(1 - \frac{a}{l}\right) \tag{3-27}$$

对连续板，有

$$b_{ef} = b_{eq} + \frac{4}{3}a\left(1 - \frac{a}{l}\right) \tag{3-28}$$

（2）受剪计算时，有

$$b_{ef} = b_{eq} + a\left(1 - \frac{a}{l}\right) \tag{3-29}$$

$$b_{eq} = b_c + 2(h_c + h_f) \tag{3-30}$$

式中：a 为集中荷载作用点到组合板较近支座的距离。当跨内有多个集中荷载时，a 应取数值较小荷载至较近支承点的距离；l 为组合板的跨度；b_{ef} 为集中荷载的有效分布宽度；b_{eq} 为集中荷载的分布宽度；b_c 为荷载宽度；h_c 为压型钢板顶面以上混凝土的计算厚度；h_f 为楼板构造面层厚度。

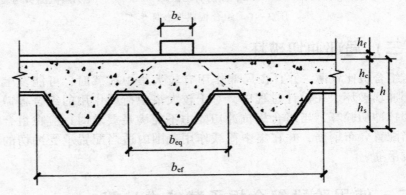

图 3-11 集中荷载的有效分布宽度

（三）组合板内力分析原则

1. 阶段组合板内力分析

使用阶段组合板内力分析根据压型钢板上混凝土厚度的不同按以下两种情况分别考虑：

（1）当压型钢板上的混凝土厚度 h_c 为 50 ~ 100mm 时，组合板可沿强边（顺肋）方向按单向板计算。

（2）当压型钢板上的混凝土厚度 h_c 大于 100mm 时，组合板的计算应符合下列规定：

1）当 $\lambda_e < 0.5$ 时，按强边方向单向板进行计算。

2）当 $\lambda_e > 2.0$ 时，按弱边方向单向板进行计算。

3）当 $0.5 \leqslant \lambda_e \leqslant 2.0$ 时，按正交异性双向板进行计算。

以上各式中，有效边长比 λ_e 应按下列公式计算：

$$\lambda_e = \frac{l_x}{\mu l_y} \tag{3-31}$$

$$\mu = \left(\frac{I_x}{I_y}\right)^{1/4} \tag{3-32}$$

式中：λ_e 为有效边长比；I_x 为组合板强边计算宽度的截面惯性矩；I_y 为组合板弱边计算宽度的截面惯性矩，只考虑压型钢板肋顶以上的混凝土的厚度；l_x、l_y 分别为组合板强边、弱边方向的跨度。

当按照上述方法判定组合板为双向板时，即可以根据钢筋混凝土双向板内力计算方法进行组合板内力分析，应该注意到此时由于组合板在两个方向计算板厚不同，应该按双向异性组合板来进行内力分析计算（图3-12）。

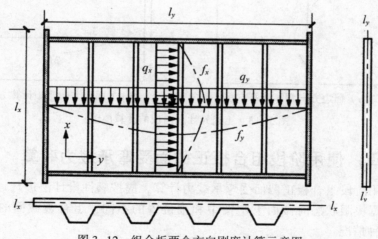

图3-12 组合板两个方向刚度计算示意图

2. 双向异性板内力分析

（1）双向异性板周边支承条件判断方法。当组合板的跨度大致相等，且相邻跨度是连续时，板的周边可视为固定边。当组合板相邻跨度相差较大，或压型钢板以上的混凝土板不连续（变厚度、有高差）时，应将板的周边视为简支边。

（2）双向异性板内力分析。当双向异性组合板支承条件为四边简支时，组合板强边（顺肋）方向按单向组合板设计计算；组合板弱边（垂直肋）

方向，仅按压型钢板上翼缘以上钢筋混凝土板进行设计计算。对于支承条件不是四边简支的双向异性组合板，可将双向异性板等效为双向同性板进行内力计算。

3. 双向同性板内力分析

双向同性板等效方法为将双向异性组合板的跨度分别按有效边长比 λ_e 进行修正等效为双向同性板，进而得到组合板两个方向弯矩。具体方法为：

（1）计算强边方向弯矩时，将弱边方向跨度乘以系数 μ 进行放大，使组合板变成以强边方向截面刚度为等刚度的双向同性组合板，则所得双向同性板在短边方向的弯矩即为组合板强边方向的弯矩 [图 3-13（a）]。

（2）计算弱边方向弯矩时，将强边方向跨度乘以系数 $\dfrac{1}{\mu}$ 进行缩小，使组合板变成以弱边方向截面刚度为等刚度的双向同性组合板，则所得双向同性板在长边方向的弯矩即为组合板弱边方向的弯矩 [图 3-13（b）]。

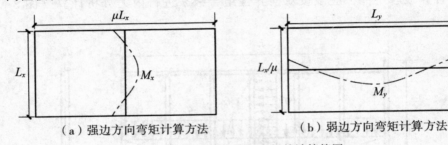

（a）强边方向弯矩计算方法 （b）弱边方向弯矩计算方法

图 3-13 正交异性双向板的计算简图

（四）使用阶段组合板正截面受弯承载力验算

使用阶段组合板正截面受弯承载力计算，应按塑性设计法进行。

根据极限状态时截面上塑性中和轴位置的不同，组合板截面的应力分布有两种情况：

（1）第一种情况。塑性中和轴位于压型钢板上部翼缘以上的混凝土翼板内，即 $A_s f_y A_a f_a \leqslant \alpha_1 b h_c f_c$。这时压型钢板全部受拉，中和轴以上混凝土受压，中和轴以下混凝土受拉，不考虑其作用。截面的应力分布如图 3-14（a）所示。根据截面的内力平衡条件，得

$$\alpha_1 bx f_c = A_a f_a + A_s f_y \tag{3-33}$$

$$M \leqslant M_u = \alpha_1 f_c bx \left(h_0 - \frac{x}{2} \right) \tag{3-34}$$

或

$$M \leqslant M_u = (f_a A_a + f_y A_s) \left(h_0 - \frac{x}{2} \right) \tag{3-35}$$

此时混凝土受压区高度 $x = \dfrac{A_a f_a + A_s f_y}{\alpha_1 b f_c}$，应符合

$$x \leqslant h_c \tag{3-36}$$

且

$$x \leqslant \xi_b h_0 \tag{3-37}$$

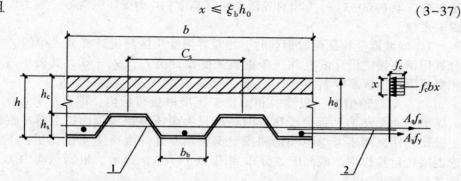

（a）中和轴在压型钢板混凝土翼板中时，组合板正截面受弯承载力计算应力图形

1—压型钢板重心轴；2—钢材合力点

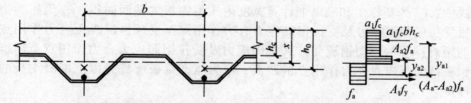

（b）中和轴在压型钢板腹板中时，组合板正截面受弯承载力计算应力图形

图 3-14　截面的应力分布

当 $x > \xi_b h_0$ 时，取 $x = \xi_b h_0$。其中相对界限受压区高度 ξ_b 应按下列公式计算：

1）有屈服点钢材

$$\xi_b = \frac{\beta_1}{1 + \dfrac{f_a}{E_a \varepsilon_{cu}}} \tag{3-38}$$

2）无屈服点钢材

$$\xi_b = \frac{\beta_1}{1 + \dfrac{0.002}{\varepsilon_{cu}} + \dfrac{f_a}{E_a \varepsilon_{cu}}} \tag{3-39}$$

式中：M 为组合板的弯矩设计值；M_u 为组合板所能承担的极限弯矩；b 为组

合板截面的计算宽度，可取一个波距宽度计算，也可取 1m 进行计算；x 为组合板截面的计算受压区高度；A_a 为计算宽度内压型钢板截面面积；A_s 为计算宽度内板受拉钢筋截面面积；f_a 为压型钢板的抗拉强度设计值；f_y 为钢筋抗拉强度设计值；f_c 为混凝土抗压强度设计值；h_0 为组合板的有效高度，即从压型钢板的形心轴至混凝土受压区边缘的距离；ε_{cu} 为受压区混凝土极限压应变，取 0.0033；ξ_b 为相对界限受压区高度；β_1 为受压区混凝土应力图形影响系数。

3）当截面受拉区配置钢筋时，相对界限受压区高度计算公式中的 f_a 应分别用钢筋强度设计值 f_y 和压型钢板强度设计值 f_a 代入计算，其较小值为相对界限受压区高度 ξ_b。

（2）第二种情况。塑性中和轴位于压型钢板腹板内，即 $A_s f_y + A_a f_a > \alpha_1 b h_c f_c$，混凝土有两部分受压，但一般只考虑压型钢板顶面以上部分混凝土受压作用，而不考虑中和轴和压型钢板顶面之间混凝土受压作用；不考虑混凝土抗拉作用。截面应力分布如图 3-14（b）所示。根据截面内力平衡条件，可得

$$\alpha_1 b h_c f_c + A_{a2} f_a = (A_a - A_{a2}) f_a + A_s f_y \tag{3-40}$$

$$M \leq M_u = \alpha_1 f_c b h_c y_{a1} + f_a A_{a2} y_{a2} \tag{3-41}$$

式中：A_{a2} 为塑性中和轴以上计算宽度内压型钢板的截面面积；y_{a1} 为压型钢板受拉区截面应力及受拉钢筋应力合力作用点至受压区混凝土合力作用点的距离；y_{a2} 为压型钢板受拉区截面应力及受拉钢筋应力合力作用点至压型钢板截面压应力合力作用点的距离；h_c 为压型钢板上翼缘以上混凝土板的厚度。

由式（3-40）可得

$$A_{a2} = \frac{A_a f_a - \alpha_1 f_c b h_c + A_s f_y}{2 f_a} \tag{3-42}$$

A_{a2} 求得之后，参数 y_{a1}、y_{a2} 的值也就随之确定。

依据《组合结构设计规范》（JGJ 138—2016），当 $x > h_c$ 时，表明压型钢板肋以上混凝土受压面积不够，还需部分压型钢板内的混凝土连同该部分压型钢板受压，这种情况出现在压型钢板截面面积很大时，这时精确计算受弯承载力非常烦琐，也可以重新选择压型钢板，使得 $x \leq h_c$。

集中荷载作用下的组合板受弯承载力计算时，考虑集中荷载有一定的分布宽度，在利用上述各公式计算时，应将截面的计算宽度 b 改为有效宽度 b_{ef}。

（五）使用阶段组合板斜截面受剪承载力计算

在使用阶段组合板斜截面承载力计算时，一般忽略压型钢板的抗剪作

用，仅仅考虑混凝土部分抗剪作用，即按混凝土板计算组合板斜截面抗剪承载力。

（1）均布荷载作用下，组合板的斜截面受剪承载力按下式计算：

$$V \leqslant 0.7f_t b_{\min} h_0 \tag{3-43}$$

式中：V 为组合板在计算宽度 b 内的剪力设计值；f_t 为混凝土轴心抗拉强度设计值；$b_{\min}$ 为计算宽度内组合板换算腹板宽度；h_0 为组合板的有效高度。

（2）集中荷载作用下，或在集中荷载与均布荷载共同作用下，由集中荷载引起支座截面或节点边缘截面剪力值占总剪力的 75% 以上时，组合板的斜截面承载力应按下式计算

$$V \leqslant 0.44f_t b_{ef} h_0 \tag{3-44}$$

式中：V 为组合板的剪力设计值；b_{ef} 为集中荷载的有效分布宽度。

（六）使用阶段组合板纵向剪切黏结承载力计算

《组合结构设计规范》（JGJ 138—2016）结合我国研究成果，组合板中压型钢板与混凝土间的纵向剪切粘结承载力应符合下式规定

$$V \leqslant V_u = m\frac{A_a h_0}{1.25a} + kf_t bh_0 \tag{3-45}$$

式中：V 为组合楼板最大剪力设计值；V_u 为组合板纵向抗剪承载力，N；b 为组合板计算宽度，mm；f_t 为表示混凝土抗拉强度设计值，N/mm²；m、k 为剪切粘结系数；a 为剪跨，均布荷载作用时取 $a = l_n/4$，l_n 为板净跨度，连续板可取反弯点之间的距离，mm；A_a 为计算宽度内组合楼板截面压型钢板面积，mm²；h_0 为组合板有效高度，为压型钢板重心至组合板顶面的高度，mm。

（七）使用阶段组合板冲切承载力计算

在局部集中荷载作用下，当荷载的作用范围较小，而荷载值很大、板较薄时容易发生冲切破坏。冲切破坏一般是沿着荷载作用面周边 45° 斜面上发生。冲切破坏的实质是在受拉主应力作用下混凝土的受拉破坏，破坏时形成一个具有 45° 斜面的冲切锥体，如图 3-15 所示。在组合板冲切承载力计算时，忽略压型钢板抗冲切作用，仅考虑组合板中混凝土的抗冲切作用，按钢筋混凝土板抗冲切理论进行承载力计算。

组合板的冲切承载力可按下式计算：

$$P_l \leqslant 0.6f_t u_{cr} h_c \tag{3-46}$$

$$u_{cr} = 2\pi h_c + 2(h_0 + a_c + 2h_c) + 2b_c + 8h_f \tag{3-47}$$

式中：P_l 为局部集中荷载设计值；f_t 为混凝土轴心抗拉强度设计值；h_c 为组合板中压型钢板顶面以上混凝土层的厚度；u_{cr} 为组合板冲切面的计算截面周

长；a_c、b_c 分别为集中荷载作用面的长和宽；h_f 为垫板的厚度。

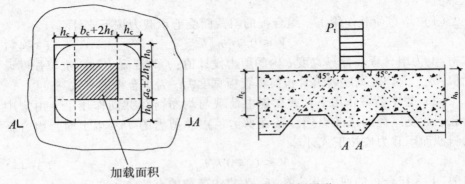

图 3-15　组合板冲切破坏计划图形

三、使用阶段组合板的刚度计算

组合板的变形计算可采用弹性理论，对于具有完全剪切连接的组合板，可按换算截面法进行。因为组合板是由钢和混凝土两种性能不同的材料组成的结构构件，为便于变形的计算，可将其换算成同一种材料的构件，求出相应的截面刚度。具体方法为将截面上压型钢板的面积乘以压型钢板与混凝土弹性模量的比值 α_E 换算为混凝土截面。

将压型钢板按钢材与混凝土弹性模量之比折算成混凝土，将组合板按图 3-16 中的计算简图计算换算截面等效惯性矩。混凝土等效惯性矩近似按开裂截面与未开裂截面的惯性矩的平均值计算。

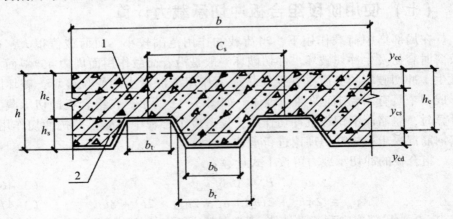

图 3-16　组合板截面刚度计算简图
1—中和轴；2—压型钢板重心轴

（1）未开裂截面惯性矩。对图 3-18 所示的等效组合截面，可按式（3-48）计算

$$I_u^s = \frac{bh_c^3}{12} + bh_c (y_{cc} - 0.5h_c)^2 + \alpha_E I_a + \alpha_E A_a y_{cs}^2$$

$$+ \frac{b_r bh_s}{c_s} \left[\frac{h_s^2}{12} + (h - y_{cc} - 0.5h_s)^2 \right] \qquad (3-48)$$

$$y_{cc} = \frac{0.5bh_c^2 + \alpha_E A_a h_0 + b_r h_s (h_0 - 0.5h_s) b/c_s}{bh_c + \alpha_E A_a + b_r h_s b/c_s} \qquad (3-49)$$

（2）开裂截面惯性矩。

$$I_c^s = \frac{by_{cc}^3}{3} + \alpha_E A_a y_{cs}^2 + \alpha_E I_a \qquad (3-50)$$

$$\begin{cases} y_{cc} = \left[\sqrt{2\rho_a \alpha_E + (\rho_a \alpha_E)^2} - \rho_a \alpha_E \right] h_0 \\ \rho_a = \dfrac{A_a}{bh_0} \end{cases} \qquad (3-51)$$

式中：I_u^s 为未开裂换算截面惯性矩；I_c^s 为开裂换算截面惯性矩；b 为组合楼板计算宽度；c_s 为压型钢板板肋中心线间距；b_r 为开口板为槽口的平均宽度，锁口板、闭口板为槽口的最小宽度；h_c 为压型钢板肋顶上混凝土厚度；h_s 为压型钢板的高度；h_0 为组合板截面有效高度；y_{cc} 为截面中和轴距混凝土顶边距离，当 $y_{cc} > h_c$，取 $y_{cc} = h_c$；y_{cs} 为截面中和轴距压型钢板截面重心轴距离，$y_{cs} = h_0 - y_{cc}$；α_E 为钢对混凝土的弹性模量比，$\alpha_E = E_a/E_c$；E_a 为钢的弹性模量；E_c 为混凝土的弹性模量；A_a 为计算宽度内组合楼板中压型钢板的截面面积；I_a 为计算宽度内组合楼板中压型钢板的截面惯性矩；ρ_a 为计算宽度内组合楼板中压型钢板含钢率。

（3）组合板抗弯刚度。组合板在荷载效应标准组合下的抗弯刚度可按下列公式计算：

$$B_s = E_c I_{eq}^s \qquad (3-52)$$

$$I_{eq}^s = \frac{I_u^s + I_c^s}{2} \qquad (3-53)$$

式中：B_s 为短期荷载作用下的截面抗弯刚度。

组合板在荷载效应准永久组合下的抗弯刚度可按下列公式计算：

$$B = 0.5E_c I_{eq}^l \qquad (3-54)$$

$$I_{eq}^l = \frac{I_u^l + I_c^l}{2} \qquad (3-55)$$

式中：B 为长期荷载作用下的截面抗弯刚度；I_{eq}^l 为长期荷载作用下的平均换算截面惯性矩；I_u^l、I_c^l 分别为长期荷载作用下未开裂换算截面惯性矩及开裂换算截面惯性矩，按式（3-48）、式（3-50）计算。计算时 α_E 改用 $2\alpha_E$。

四、试用阶段组合板变形计算

使用阶段荷载主要有永久荷载和可变荷载，对于组合板需要进行荷载标准组合作用下和荷载准永久组合作用下的变形验算，或按《混凝土结构设计规范》（GB 50010—2010）建议的受弯构件变形验算方法验算。

考虑荷载的标准效应组合时，组合板变形按式（3-56）进行计算

$$f_s = \alpha \frac{q_k L^4}{B_s} \qquad (3-56)$$

考虑荷载的准永久效应组合时，组合板变形可按式（3-57）进行计算

$$f_l = \alpha \frac{q_l L^4}{B} \qquad (3-57)$$

式中：q_k 为考虑荷载效应标准组合时，单位宽度组合板上的荷载代表值，为永久荷载的标准值和可变荷载标准值的组合值，不用考虑荷载分项系数；L 为组合板计算跨度，mm；q_l 为考虑荷载效应准永久组合时，单位计算宽度组合板上的荷载代表值，其中包括永久荷载的标准值和可变荷载的准永久值，可变荷载准永久值为可变荷载标准值乘以可变荷载的准永久值系数；α 为受弯构件挠度系数，均布荷载下简支组合板挠度系数为 5/384。

按式（3-56）和式（3-57）计算出的挠度最大值，不应超过其挠度限值 Δ_{lim}；《钢-混凝土组合楼盖结构设计与施工规程》（YB 9238—1992）取 $\Delta_{lim} = l/360$（按一次加载计算），《组合楼板设计与施工规范》（CECS 273：2010）取 $\Delta_{lim} = l/200$（按两阶段受力叠加计算），l 为组合板的计算跨度。

连续组合板直接按等截面刚度连续板法进行挠度计算。连续组合板变形计算的等刚度法是指在计算连续组合板变形时，均假定整个连续组合板在其正弯矩区和负弯矩区为等刚度板，不考虑由于负弯矩区混凝土较早受拉开裂导致截面刚度降低的影响，这种计算方法较为简便。

五、组合板裂缝宽度计算

对组合板的裂缝宽度进行验算，主要是验算连续组合板负弯矩区的最大裂缝宽度是否满足设计要求，目的是控制此处的裂缝大小。

鉴于混凝土裂缝宽度分布的不均匀及荷载效应的准永久组合的影响，组合板负弯矩区段的最大裂缝宽为

$$\omega_{\max} = 2.1\psi v(54 + 10d_{\mathrm{s}})\frac{\sigma_{\mathrm{ss}}}{E_{\mathrm{s}}} \leqslant \omega_{\lim} \qquad (3-58)$$

式中：$\omega_{\max}$ 为组合板负弯矩区段的最大裂缝宽度；ψ 为裂缝之间纵向受拉钢筋应变的不均匀系数，$\psi = 1.1 - 65f_{\mathrm{tk}}/\sigma_{\mathrm{ss}}$；$\sigma_{\mathrm{ss}} = M_{\mathrm{s}}/(0.87h'_{0}A_{\mathrm{s}})$，为按荷载效应标准组合计算的纵向受拉钢筋的应力；$M_{\mathrm{s}}$ 为荷载效应标准组合时组合板的负弯矩设计值；h'_{0} 为位于压型钢板上翼缘以上的混凝土有效高度，取 $h'_{0} = h_{\mathrm{c}} - 20\mathrm{mm}$；$h_{\mathrm{c}}$ 为压型钢板顶面以上的混凝土计算厚度；A_{s} 为组合板负弯矩区段纵向受拉钢筋的截面面积；v 为纵向受拉钢筋的表面特征系数，对光面钢筋取 $v = 1.0$，对变形钢筋取 $v = 0.7$；d_{s} 为组合板负弯矩区段纵向受拉钢筋的直径；E_{s} 为组合板负弯矩区段纵向受拉钢筋钢材的弹性模量；$\omega_{\lim}$ 为连续组合板负弯矩区段的最大裂缝宽度的限制，对一类环境 $\omega_{\lim} = 0.3\mathrm{mm}$，对二类环境 $\omega_{\lim} = 0.2\mathrm{mm}$。

六、组合板自振频率验算

为了保证组合板在外力干扰下不产生较大振动而影响结构的正常使用，应进行组合板的自振频率验算。日本采用经验式（3-59）计算组合板的一阶自振频率

$$f = \frac{1}{k\sqrt{\delta}} \qquad (3-59)$$

并满足

$$f \geqslant 15\mathrm{Hz} \qquad (3-60)$$

式中：f 为组合板自振频率，Hz；k 为组合板的支承条件系数，两端简支的组合板 $k = 0.178$，一端简支、一端固定的组合板 $k = 0.177$，两端固定的组合板 $k = 0.175$；δ 为仅考虑永久荷载作用时组合板的挠度，cm，组合板刚度按荷载效应下的标准组合进行计算。

第五节　组合楼板的构造要求

组合板在设计过程中应遵循以下构造要求。

一、组合板的截面尺寸及支承长度要求

（一）截面尺寸的要求

（1）组合板的总厚度 h 不应小于90mm，压型钢板上翼缘顶面以上的混凝土厚度 h_c 不应小于50mm，如图3-17所示。

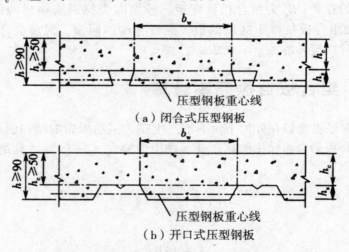

（a）闭合式压型钢板

（b）开口式压型钢板

图3-17　组合板的截面控制尺寸

（2）组合板外带悬挑端时，其悬挑端包边板的厚度 t 和板的悬挑长度 l_0 之间的关系应符合表3-7的要求。

表3-7　组合板的悬挑长度 l_0 与其包边板厚度 t 　　　　单位：mm

悬挑长度 l_0	包边板厚度 t	悬挑长度 l_0	包边板厚度 t
0～75	1.2	125～180	2.0
75～125	1.5	180～250	2.6

（3）压型钢板用做混凝土板的底部受力钢筋时，需要进行防火保护处理，此时组合板的厚度及防火保护层的厚度应符合表3-8的要求。

表3-8 耐火极限为1.5小时的组合板厚度及其防火保护层厚度 单位：mm

类别	无保护层的组合楼板		有保护层的组合楼板	
图例				
楼板厚度 h_1 或 h	≥80	≥110	≥50	
防火保护层厚度 a	—	—	≥15	

（二）支承长度的要求

（1）组合板在钢梁上的支承长度不应小于75mm，其中压型钢板在其上的支承长度不应小于50mm，如图3-18（a）、（b）所示。

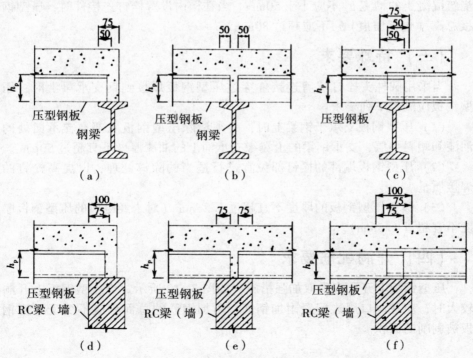

图3-18 组合楼板的支承长度

（a）～（c）支承于钢梁上；（d）～（f）支承于混凝土梁（剪力墙）或砌体上

（2）组合板在钢筋混凝土梁、剪力墙或砌体上的支承长度不应小于100mm，其中压型钢板在其上的支承长度不应小于75mm，如图3-18（d）、（e）所示。

（3）连续组合板或搭接板在钢梁或钢筋混凝土梁（剪力墙）上的支承长度，应分别不小于75mm或100mm，如图3-18（c）、（f）所示。

二、组合板中的压型钢板要求

（一）材料要求

组合板的压型钢板应采用镀锌钢板，其镀锌层厚度应满足在使用期间不致锈蚀的要求。

（二）厚度要求

用于组合板的压型钢板的净厚度不应小于0.75mm，亦不应大于2mm，浇筑混凝土的槽宽 b_w 不应小于50mm。当在槽内设置栓钉连接件时，压型钢板总高（包括压痕）h_s 不应超过80mm。

（三）特殊要求

当采用圆柱头栓钉抗剪连接件穿过压型钢板焊接到钢支承梁上时，压型钢板应满足下列要求：

（1）压型钢板支承于钢梁上时，必须清除压型钢板底部在支承面处的油漆和塑料垫层，支承钢梁的上翼缘支承面上的油漆厚度不宜超过50μm。

（2）压型钢板端部的栓钉部位宜进行适当的除锌处理，以提高栓钉的焊接质量。

（3）镀锌压型钢板的厚度不宜超过1.25mm（对未经电镀的压型钢板厚度不宜超过1.5mm）。

（四）开洞配筋要求

压型钢板上开孔宜采取加强措施，如图3-19所示。当压型钢板上开洞较大时，应在洞口周边配置附加钢筋，附加钢筋的总面积应不少于压型钢板被剥削的面积。

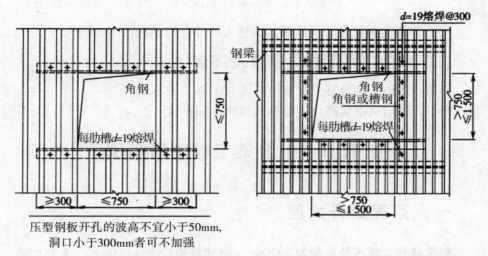

压型钢板开孔的波高不宜小于50mm,
　　洞口小于300mm者可不加强

（a）压型钢板开孔300~750时的加强措施　（b）压型钢板开孔750~1 500时的加强措施

图3-19　压型钢板洞口边补强措施

三、组合板中的混凝土要求

（1）组合板中的混凝土强度等级不宜低于C20。

（2）组合板中的混凝土骨料大小取决于需浇注混凝土的结构构件最小尺寸，且不应超过$0.4h_c$（h_c为压型钢板顶面以上的混凝土计算厚度）、$b_c/3$（b_c为压型钢板的槽宽）和30mm三个数值中的最小值。

（3）组合板中的混凝土一般存在着裂缝，对裂缝宽度应有所限制。处于室内正常环境的组合板，要求板面负弯矩位置处（连续板中间支座或悬臂板负弯矩区）的混凝土裂缝宽度不应超过0.3mm；对于处于室外高湿度环境或室外露天的组合板，则不应超过0.2mm。

四、组合板中栓钉的直径与保护层厚度及高度要求

（一）栓钉的直径

当圆柱头栓钉穿透压型钢板焊接于支承钢梁上时，其直径d不得大于19mm，并根据组合板的跨度l按下列规定确定：

（1）当组合板跨度$l<3m$时，圆柱头栓钉直径d宜取13mm或16mm。

（2）当组合板跨度$l=3\sim6m$时，圆柱头栓钉直径d宜取16mm

或 19mm。

（3）当组合板跨度 $l > 6m$ 时，圆柱头栓钉直径 d 宜取 19mm。

（二）栓钉的保护层厚度及高度

栓钉顶面以上的混凝土保护层厚度应不小于 15mm。

栓钉焊接后高度应高出压型钢板顶面 30mm 以上。

第六节　组合梁工程应用实例

一、东莞健升大厦

东莞健升大厦占地面积为 3970m²，总建筑面积为 42550m²。地下 2 层，主楼 19 层，裙房 2 层，局部裙房 3 层，总高度为 76.05m，如图 3-20（a）所示。塔楼部分采用钢筋混凝土框剪结构，裙房部分采用框架结构，抗震设防烈度为 6 度。

大厦裙房柱网为 10m×6.933m 的框架结构体系，由于裙房顶层为游泳池，建筑要求取消顶层中间结构柱，屋面主梁跨度由 10m 增加至 29.9m，如图 3-20（b）所示。如果采用普通钢筋混凝土屋面结构很难满足功能要求，在设计初期曾选用预应力钢筋混凝土屋面结构体系。但是考虑到预应力钢筋混凝土屋面结构自重大，截面尺寸大，影响建筑效果及技术经济效益，且施工不便，并且有可能存在裂缝问题，所以在设计后期决定改用钢与混凝土组合屋面结构。

钢与混凝土组合屋面结构主梁高 1.51m，跨高比为 19.8，钢梁采用 Q345 钢，混凝土楼面采用 C40 混凝土。主梁与钢筋混凝土柱的连接采用柱顶支承式铰接节点，次梁与钢筋混凝土梁柱的连接采用预埋钢件螺栓拼接式铰接节点。主梁钢梁分段制作、现场拼接，安装主梁时在距主梁左端 10.1m 处及距主梁右端 8.6m 处各设 1 个临时支撑，待屋面现浇混凝土达到设计强度后拆除。主梁在加工过程中预先起拱，以改善结构外观并满足挠度限制要求。为防止支座处混凝土板开裂，支座区域混凝土板在拆除临时支撑后浇筑。

设计表明，钢与混凝土组合屋面结构的自重比预应力混凝土屋面结构的自重大大减轻。这样，一方面可以降低基础造价，另一方面则可以减小地震作用，对抗震非常有利。同时钢与混凝土组合屋面结构的截面尺寸比预应力混凝土屋面结构显著减小，具有更好的建筑视觉效果，综合效益显著。钢梁在工厂制作，质量易于控制，吊装方便，可以简化施工安装工艺，减少现场湿作业工作量，大大加快施工建设速度。

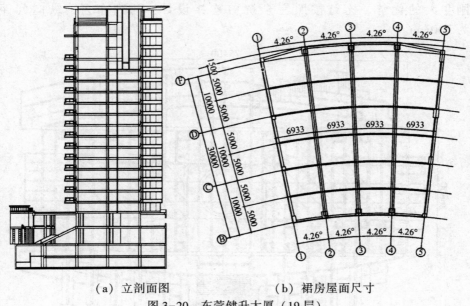

（a）立剖面图　　　　　　（b）裙房屋面尺寸

图 3-20　东莞健升大厦（19 层）

二、深圳某社区水景平台

深圳某社区分为南北两部分，分别位于公路两侧，为方便两小区之间居民的来往及生活和休闲，在两小区之间建筑了一个宽 26.8m、长 75.4m 的水景平台，将两小区连为整体。该平台高 6.3m，占地面积约 3869.6m²，平面图如图 3-21 所示。该平台上栽种了树木，设置了喷泉水池等，是社区休闲娱乐场所。

由于道路标高与小区的标高关系已经确定，平台梁的高度被限制在 1m 以内。26.8m 跨度的梁，若采用钢筋混凝土、型钢混凝土等形式都难以满足结构的刚度要求，一若采用预应力混凝土则代价很高，经过分析比较，采用钢与混凝土叠合板组合梁，截面如图 3-22 所示，跨高比为 24.4。由于平台下方通车需要自然采光，所以平台平面图中两块阴影部分所示区域内不浇筑混凝土板，形成了特殊的混凝土翼板开孔的钢与混凝土组合梁，开孔区域内钢与混凝土组合梁为变刚度组合梁。未开孔区域的组合梁 L_1 和开孔区域的组合梁 L_2 截面图分别如图 3-22（a）、（b）所示，其中梁 L_1 为普通组合梁，可按一般方法设计计算。梁 L_2 为变刚度组合梁，跨中阴影范围的截面为钢梁，其余区域为组合梁，按变刚度组合梁设计计算，梁 L_2 的构造方法既满足了平台下通行的自然采光要求，又发挥了组合梁的强度高和刚度大的优势。栓钉按照完全抗剪连接设计，两列布置，纵向间距为 300mm。

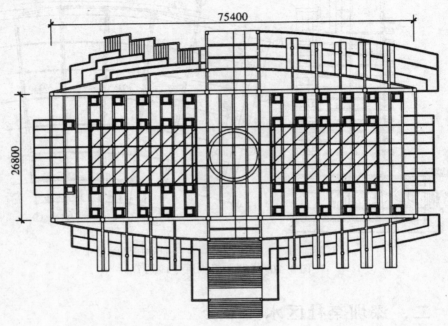

图 3-21　平面布置图

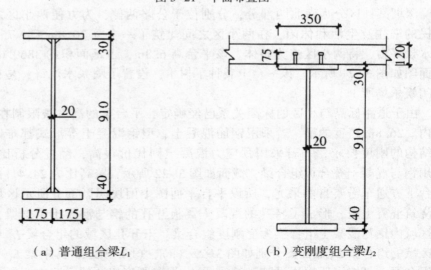

（a）普通组合梁 L_1　　　　（b）变刚度组合梁 L_2

图 3-22　组合梁的截面图

　　采用钢与混凝土叠合板组合梁使得平台梁在高度满足使用要求的基础上共节省投资 186 万元。设计实践表明，叠合板组合梁轻型大跨、预制装配、构造简单、施工快速方便等，省掉了施工支架和模板，并且造价低，适合我国基本建设的国情，对类似结构设计具有实用参考价值。

第四章 钢与混凝土组合梁设计

本章在简要阐述钢与混凝土组合梁的组成、分类、工作原理、受力特点的基础上，主要围绕组合梁的抗剪连接件设计、组合梁的承载力设计、组合梁正常使用性能设计、组合梁的构造要求展开讨论，最后分析讨论了钢与混凝土组合梁设计的工程实例。

第一节 组合梁的概念

在钢梁上支放置混凝土楼板（钢筋混凝土板或压型钢板与混凝土组合板），且在两者之间设置一些抗剪连接件，以阻止混凝土与钢梁之间的相互错动和分离，使之组合成一个整体，这种组合结构就是钢与混凝土组合梁（以下简称为组合梁）。

一、组合梁的组成

组合梁通常情况下是由钢筋混凝土翼板、钢梁、板托和抗剪连接件四个部分组成的（图4-1）。

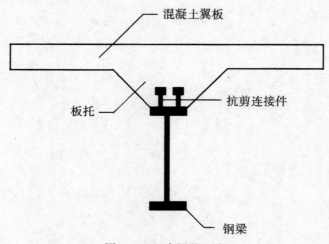

图 4-1 组合梁的组成

（一）钢筋混凝土翼板

钢筋混凝土翼板作为组合梁的受压翼缘，可保证钢梁的侧向整体稳定，一般可采用现浇或压型钢板组合的钢筋混凝土板，也可采用预制的钢筋混凝土板。

（二）钢梁

组合梁中钢梁一般有以下几种截面形式：①工字型或 H 型截面钢梁，如图 4-2（a）～（f）所示；②槽钢截面钢梁，如图 4-2（g）所示；③箱形截面钢梁，如图 4-2（h）、（i）所示；④蜂窝形截面钢梁，如图 4-2（j）所示；⑤钢桁架截面，如图 4-2（k）所示。

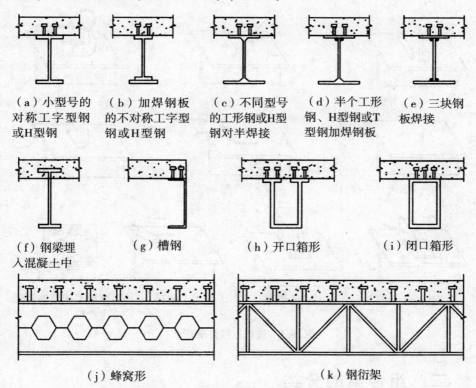

| （a）小型号的对称工字型钢或H型钢 | （b）加焊钢板的不对称工字型钢或H型钢 | （c）不同型号的工形钢或H型钢对半焊接 | （d）半个工形钢、H型钢或T型钢加焊钢板 | （e）三块钢板焊接 |

（f）钢梁埋入混凝土中　　（g）槽钢　　（h）开口箱形　　（i）闭口箱形

（j）蜂窝形　　　　　　　　（k）钢衍架

图 4-2　组合梁中钢梁的截面形式

（三）板托

组合梁中的板托一般可设置或不设置，应根据工程的具体情况确定。

设置板托虽给施工支模带来一定的困难，但可增加梁高，节约钢材，并可加大混凝土翼板的支承面。

（四） 抗剪连接件

抗剪连接件是钢筋混凝土翼板与钢梁能否组合成整体而共同工作的重要保障。抗剪连接件按其变形能力可分为刚性抗剪连接件和柔性抗剪连接件两大类。刚性抗剪连接件的形式主要为方钢、T型钢和马蹄形钢等［如图4-3（a）～（c）所示］；柔性抗剪连接件的形式主要为圆柱头栓钉、弯筋、槽钢、角钢、L形钢、锚环以及摩擦型连接的高强度螺栓等［如图4-3（d）～（j）］。刚性抗剪连接件主要应用与桥梁结构中，而柔性抗剪连接件一般应用于建筑结构中。

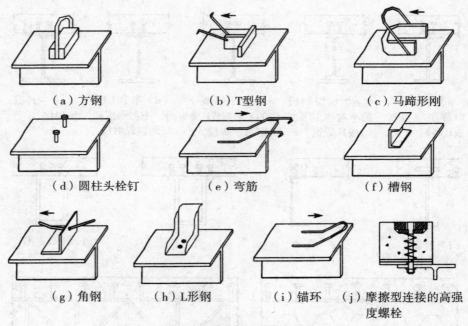

（a）方钢　　　　　（b）T型钢　　　　　（c）马蹄形刚

（d）圆柱头栓钉　　　（e）弯筋　　　　　（f）槽钢

（g）角钢　　（h）L形钢　　（i）锚环　　（j）摩擦型连接的高强度螺栓

图4-3　抗剪连接件的形式

二、组合梁的分类

根据混凝土翼板的形式及剪切连接的方向可将目前使用中的组合梁分为以下四类。

（一）　现浇钢筋混凝土翼板

采用现浇钢筋混凝土板作翼板，结构整体性好，能适应各种平面形状，灵活性大，但需安装和拆卸木模或钢模，施工过程烦琐，进度慢，在高层钢结构中已较少采用，逐渐被带压型钢板的现浇组合楼盖所取代(图4-4)。

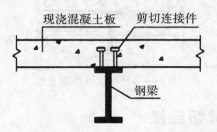

图4-4　现浇钢筋混凝土板组合楼盖剖面

（二）　带压型钢板的现浇钢筋混凝土翼板

在施工阶段，当压型钢板铺设在钢梁上后即可作为工作平台和承重模板，其优点不仅在于铺设快，省去了安装传统模板脚手架的工作，还可多层同时主体交叉作业，体现了施工速度快这一最大的优点；另外压型钢板还可跟其上的混凝土板形成组合板，这样不仅可在施工阶段利用压型钢板的抗弯强度，还可在使用阶段利用压型钢板的抗拉强度。这样既利用了压型钢板在施工速度上的优点，又利用了它的强度，在两方面都具有经济效益（图4-5）。

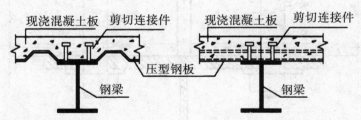

（a）压型钢板肋平行于钢梁　　　　　（b）压型钢板肋垂直于钢梁

图4-5　带压型钢板的现浇钢筋混凝土板组合楼盖剖面

（三）　预制钢筋混凝土板翼板

预制钢筋混凝土板的施工制作质量好，尺寸精度高，只需现场铺设，同样施工速度快，但须在板端留设现浇槽坑，并须配置一定数量的钢筋，以保证后浇混凝土与预制板形成整体。这类预制钢筋混凝土楼盖多用于多层及高层旅馆和公寓建筑（图4-6）。

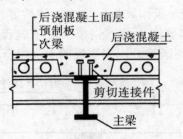

图4-6　预制钢筋混凝土板

（四）摩擦剪切连接

摩擦剪切连接是通过将高强螺栓张紧来施加预应力，使预制钢筋混凝土板被紧紧地挤压在钢梁顶面，从而使界面在组合梁弯曲过程中具有摩擦力。这种连接方式常用于较大的预制板（如车库，直接在上可行车），在浇筑预制板时应使用钢模，以便得到较好的板的尺寸精度和平整度，将其直接铺放于钢梁上后，不需用砂浆找平，但摩擦面上不能有油、灰尘或其他脏物（图4-7）。

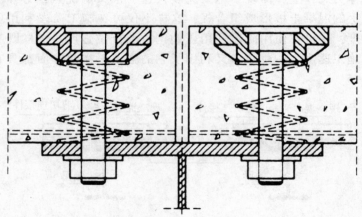

图4-7　摩擦抗剪连接件组合楼盖剖面

三、组合梁的工作原理

由混凝土翼缘板与钢梁组成的组合梁，若两者交界面之间无连接措施时，则在竖向荷载作用下，混凝土翼缘板截面和钢梁的弯曲相互独立，如

图 4-8 所示，各自有中和轴。若忽略交界面上的摩擦力，交界面上仅有竖向压力，两者必然发生相对水平滑移错动。所以，其受弯承载力为混凝土板截面受弯承载力和钢梁截面受弯承载力之和。这种梁称为非组合梁。

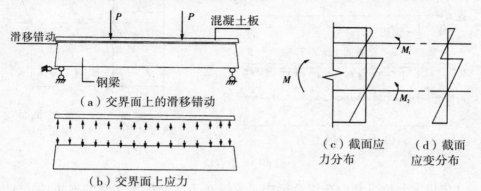

（a）交界面上的滑移错动

（b）交界面上应力

（c）截面应力分布

（d）截面应变分布

图 4-8　非组合梁

　　如果在钢梁的上翼缘设置足够的抗剪连接件并深入混凝土板形成整体，阻止混凝土板与钢梁之间产生相对滑移，使两者的弯曲变形协调，共同承担荷载作用。这种梁称为组合梁。如图 4-9 所示的组合梁，在荷载作用下，截面仅有一个中和轴，混凝土板主要承受压力，钢梁主要承受拉力。与非组合梁相比，组合梁的中和轴高度和内力臂增大，其抗弯承载力显著提高。组合梁的截面高度大，因而刚度也大。

　　一般情况下，混凝土板与梁的交界面上的竖向分布力为压力，当荷载作用在钢梁上时，交界面上的竖向分布力为拉力，将引起混凝土板与钢梁分离。在组合梁中，这种引起上下分离趋势的力称为掀起力。由于掀起力远小于交界面上的剪切力，而且抗剪连接件的形状具有一定的抗掀起作用，在设计中一般不进行抗掀起力计算。

　　非组合梁承受横向荷载，在荷载作用下，发生弯曲，截面上的应力分布不均匀，上部受压而下部受拉，如果将混凝土板搁置在钢梁上，在荷载作用下发生弯曲变形时，板与钢梁之间发生相对滑移，各自受弯。组合梁将混凝土板与钢梁紧密地连接在一起，在荷载作用下弯曲时，板与钢梁之间不发生相对位移，两者成为一体共同工作。在组合梁中，中和轴以上的截面受压，中和轴以下的截面受拉，混凝土板除承受横向弯曲外，与钢梁上翼缘相连，作为钢梁的上翼缘的支承可以消除上翼缘的局部屈曲。同时，还可以保证组合梁的整体稳定。

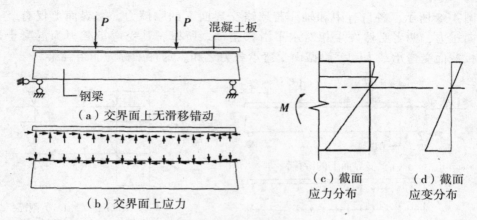

图 4-9　组合梁

由以上分析可知，在组合梁中，关键在于板与钢梁之间的连接件，连接件必须保证在组合梁受弯时，板与钢梁的交界面上相对滑移量不大。根据滑移量的大小，将组合梁分为以下两种：

（1）当受弯时，板与钢梁交界面上无相对滑移时，称为完全抗剪连接组合梁。

（2）当受弯时，板与钢梁交界面上的纵向水平抗剪能力不能保证无相对滑移，称为部分抗剪连接组合梁。

四、组合梁的受力特点

常用组合梁的形式有简支组合梁和连续组合梁，这些组合梁都具有各自独特的受力特点。

（一）简支组合梁的受力特点

简支组合梁在使用阶段具有以下受力特点：

（1）简支组合梁在支座处截面和跨中截面内力存在着较大的差异，应分别计算其承载力。

（2）组合梁通过剪力连接件将混凝土翼板与钢梁形成一个整体，共同受力，因此组合梁跨度全长各截面的受弯承载力均远大于钢梁的承载力。

（3）混凝土翼板具有较大的刚度，且与下部钢梁的上翼缘连接，因此简支组合梁的整体稳定性和局部稳定均可以得到保证。

（二）连续组合梁的受力特点

连续组合梁的受力比简支组合梁复杂。一般具有以下受力特点：

（1）连续组合梁的跨中截面承受正弯矩，混凝土翼板与钢梁可以形成整体共同工作，受弯承载力较高。

（2）连续组合梁内支座承受负弯矩作用，钢梁的下翼缘和下部腹板受压，会出现局部和整体屈曲问题，影响其承载力，应进行稳定验算。

（3）连续组合梁的内支座处，截面的剪力和弯矩均较大，受力复杂，截面验算时需考虑钢梁正应力和剪应力的组合。

第二节　组合梁的抗剪连接件设计

一、抗剪连接件的形式

抗剪连接件在组合梁中主要是用来承受混凝土翼板与钢梁上翼缘之间纵向剪力的。此外，它还要抵抗混凝土翼板与钢梁上翼缘之间的掀起作用。

我国在 20 世纪 50 年代主要用弯起钢筋做连接件，后来用槽钢头及栓钉代替，现在栓钉连接件已极为普遍。我国《钢结构设计规范》（GB 50017—2017）所推荐的也是这三种形式：

（1）栓钉连接件。正名叫圆柱头焊钉，如图 4-10（a）所示，这是世界各地广为采用的一种连接件。

（2）槽钢。如图 4-10（b）所示，常用的槽钢规格有 ［80、 ［100、［120，槽钢的上肢（翼缘）有抗掀起功能。

（3）弯起钢筋。如图 4-10（c）所示，弯起钢筋的常用直径为 12 ～20mm，弯起钢筋的倾斜方向应顺向其受力方向。

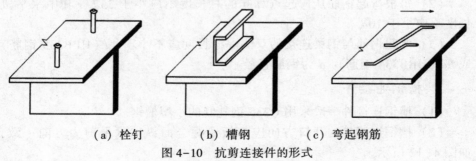

（a）栓钉　　　　（b）槽钢　　　　（c）弯起钢筋

图 4-10　抗剪连接件的形式

二、抗剪连接件的构造要求

（一）各种抗剪连接件的构造要求

1. 栓钉连接件

栓钉采用自动焊接机焊于钢梁翼缘板上，焊接时使用配件瓷环，在自动拉弧焊接过程中能隔气保温、挡光，防止溶液飞溅，且应符合以下要求：

（1）栓钉的公称直径有 8mm、10mm、13mm、16mm、19mm 及 22mm，常用的为后 4 种。

（2）栓钉的长度不应小于杆径 4 倍。

（3）栓钉沿梁跨方向的间距不应小于杆径的 6 倍，垂直于梁跨方向的间距不应小于杆径的 4 倍，如图 4-11 所示。

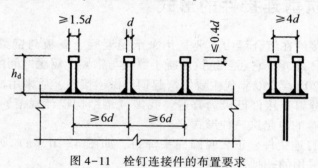

图 4-11　栓钉连接件的布置要求

2. 弯筋连接件

（1）在梁的跨中区段可能发生纵向水平剪应力变化，应在两个方向均设置弯起钢筋。

（2）每根弯起钢筋从弯起点算起的总长度不应小于 $25d$，其中水平段长度不应小于 $10d$。

（3）弯起钢筋与钢梁连接的双侧焊缝长度应不小于 $4d$（HPB235 钢筋）或 $5d$（HRB335 钢筋），d 为钢筋直径。

3. 槽钢连接件

（1）槽钢连接件一般采用 Q235 钢轧制的小型槽钢。

（2）槽钢连接件的开口方向应与板梁叠合面纵向水平剪力方向一致，如图 4-12 所示。

（3）槽钢连接件沿梁跨度方向的间距 S 不应大于混凝土翼板（包括板

托）厚度的 4 倍，且不应大于 400mm。

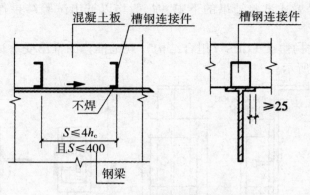

图 4-12　组合梁的槽钢连接件

（二）梁端连接件

（1）组合梁的端部应在钢梁顶面焊接两端连接件，以承受因混凝土干缩而引起的应力。

（2）梁端连接件一般采用在工字钢上加焊水平锚筋的形式，如图 4-13 所示。

（3）梁端连接件工字钢上的锚筋，其直径和根数根据计算确定。

除此之外，钢梁顶面不得涂刷油漆，并应在浇混凝土楼板之前清除铁锈、焊渣及其他杂质。

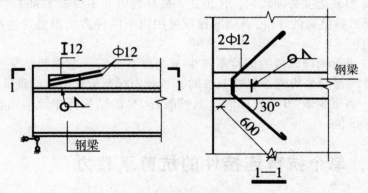

图 4-13　组合梁的梁端连接件

三、抗剪连接件的试件与实验

抗剪连接件的试验方法有推出试验和梁式试验两种，推出试验的结果稍微偏低。Slutter 及 Driscoll 在比较这两种试验方法的结果后认为，推出试验结果大约是梁式试验结果的下限。一般均以推出试验结果作为制定规范的依据。

欧洲钢结构协会 ECCS《组合结构》规范推荐的推出受剪试件尺寸及配筋如图 4-14 所示。

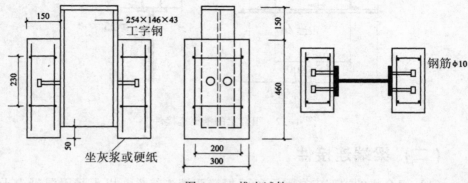

图 4-14　推出试件

根据 ECCS 建议，推出试验尚应遵守以下各点：

（1）钢梁翼面涂油以防止混凝土与钢梁间黏结。

（2）试验时的混凝土强度必须为所设计梁中混凝土强度等级的 70%±10%。

（3）必须检验连接件材料的屈服点。

（4）加载速度必须均匀，使得达到破坏的时间不少于 15min。

关于试验结果的评价，ECCS 建议可用以下两种方法来确定连接承载力的标准值：

（1）进行同样试件的试验不得少于 3 次。当任一个试验结果的偏差较全部试件所得的平均值不超过 10%时，承载力标准值取试验的最低值。

（2）当至少做 10 个试验时，取可能有 5%的结果低于此值的荷载作为承载力标准值。

四、单个抗剪连接件的抗剪承载力

（一）单个圆柱头栓钉连接件的抗剪承载力

组合梁中栓钉连接件主要承受侧向压力，而承担的掀起力较小，可忽略不计。因此，栓钉的抗剪承载力计算可按纯剪进行计算。

栓钉的承载力随其长度的加长而增大，但当 $h/d \geqslant 4$（h 为栓钉的长度，

d 为栓钉的直径），栓钉的承载力增长很有限，此时栓杆长度对其承载力的影响可以不计。若栓钉的长度太短，不仅承载力很低，而且易发生拉脱破坏。因此，在实际工程中，组合梁中圆柱头栓钉要求 $h/d \geqslant 4$。

1. 单个圆柱头栓钉连接件的抗剪承载力

当组合梁中混凝土翼板采用普通的混凝土楼板，且栓钉的长度 h 与直径 d 之间满足 $h/d \geqslant 4$ 时，单个栓钉连接件的抗剪承载力设计值 N_v^c 可按下式计算或由表 4-1 查出。

$$N_v^c = \min\left(0.43 A_s \sqrt{E_c f_c}, \ 0.7 \gamma A_s f\right) \tag{4-1}$$

式中：N_v^c 为单个圆柱头栓钉连接件的抗剪承载力设计值；A_s 为单个圆柱头栓钉的截面面积；E_c 为混凝土的弹性模量；f_c 为混凝土的轴心抗压强度设计值；γ 为圆柱头栓钉的抗拉极限强度最小值 f_u 与其屈服强度 f_y 的比值，对材料性能等级为 4.6 级的栓钉：$f_u = 400 \text{N/mm}^2$，$f_y = 240 \text{N/mm}^2$，则 $\gamma = 1.67$；f 为圆柱头栓钉的抗拉强度设计值，当栓钉的材料性能等级为 4.6 级时，一般可取 $f = 215 \text{N/mm}^2$。

表 4-1 圆柱头栓钉的抗剪承载力设计值 N_v^c
（适用于组合梁翼板为普通混凝土板）

栓钉直径/mm	栓杆截面面积 A_s/mm²	混凝土强度等级	单个圆柱头栓钉的受剪承载力设计值/kN		在下列间距（mm）条件下沿梁长每米单排圆柱头栓钉抗剪承载力设计值/kN									
			$0.7\gamma A_s f$	$0.43 A_s \sqrt{E_c f_c}$	150	175	200	250	300	350	400	450	500	600
13	133	C20	33.4	28.8	133	114	100	80	67	57	50	44	40	33
		C30		38.3										
		C40		45.4										
16	201	C20	50.5	42.8	202	173	151	121	101	87	76	67	61	50
		C30		56.6										
		C40		68.1										
19	284	C20	71.3	60.3	284	244	213	171	142	122	107	95	85	71
		C30		79.8										
		C40		96.0										

栓钉直径/mm	栓杆截面面积A_s/mm²	混凝土强度等级	单个圆柱头栓钉的受剪承载力设计值/kN		在下列间距（mm）条件下沿梁长每米单排圆柱头栓钉抗剪承载力设计值/kN									
			$0.7\gamma A_s f$	$0.43 A_s\sqrt{E_c f_c}$	150	175	200	250	300	350	400	450	500	600
22	380	C20	95.5	80.9	381	327	286	229	191	163	143	127	114	95
		C30		107.1										
		C40		128.8										

2. 单个圆柱头栓钉连接件抗剪承载力的折减

（1）翼板为压型钢板与混凝土组合板。当组合梁的混凝土翼板采用压型钢板与混凝土组合板时，一般采用圆柱头栓钉抗剪连接件，并透过压型钢板直接熔焊到钢梁上。此时，混凝土对栓钉的约束作用减弱，对栓钉的抗剪不利，因此应对栓钉的抗剪承载力予以折减。折减系数β_v可按下列两种情况确定：

1）当压型钢板的板肋平行于钢梁布置［图4-15（a）］，且$b_w/h_e <$ 1.5时，按式（4-1）计算出或由表4-1查出的N_v^c应乘以折减系数β_v。β_v可按下式计算

$$\beta_v = 0.6\frac{b_w}{h_e}\left(\frac{h_d - h_e}{h_e}\right) \leqslant 1.0 \qquad (4-2)$$

式中：b_w为混凝土凸肋的平均宽度，当肋的上部宽度小于下部宽度时［图4-15（c）］，改取上部宽度；h_e为混凝土凸肋的高度；h_d为焊钉焊接后的高度，一般不大于h_e+75mm。

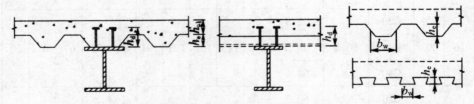

（a）板肋平行于钢梁布置　（b）板肋垂直于钢梁布置　（c）压型钢板形式
图4-15　用压型钢板混凝土组合板作翼缘的组合梁

2）当压型钢板的板肋垂直于钢梁布置［图4-15（b）］时，按式（4-1）计算出或由表4-1查出的N_v^c应乘以折减系数β_v。β_v可按下式计算

$$\beta_v = \frac{0.85}{\sqrt{n_0}} \frac{b_w}{h_e} \left(\frac{h_d - h_e}{h_e} \right) \leqslant 1.0 \tag{4-3}$$

式中：n_0 为组合梁某截面处一个肋中布置的栓钉数，当多于 3 个时，按 3 个计算。式中其他符合的含义同式（4-2）。

（2）组合梁的负弯矩区段。当圆柱头栓钉位于组合梁的负弯矩区段时，混凝土翼板处于受拉状态，栓钉周围混凝土对其约束程度不如正弯矩区段高。对位于组合梁的负弯矩区段的圆柱头栓钉的抗剪承载力，按式（4-1）计算出或由表 4-1 查出的 N_v^c 应乘以折减系数 η_v。η_v 可按下式计算：

1）组合梁的中间支座两侧负弯矩区

$$\eta_v = 0.9 \tag{4-4}$$

2）组合梁的悬臂负弯矩区

$$\eta_v = 0.8 \tag{4-5}$$

（二）　单个槽钢连接件的抗剪承载力

1. 槽钢连接件的抗剪承载力

单个槽钢连接件的抗剪承载力设计值 N_v^c，可按式（4-6）计算或查表 4-2 确定

$$N_v^c = 0.26(t_f + 0.5t_w) l_c \sqrt{E_c f_c} \tag{4-6}$$

式中：N_v^c 为单个槽钢连接件的抗剪承载力设计值；t_f 为槽钢连接件翼缘的平均厚度；t_w 为槽钢连接件腹板的厚度；l_c 为槽钢连接件的长度。

表 4-2　槽钢连接件的抗剪承载力设计值 N_v^c

槽钢的型号	混凝土强度等级	单个槽钢连接件的受剪承载力设计值/kN	在下列间距（mm）条件下沿梁长每米槽钢连接件抗剪承载力设计值/kN									
			150	175	200	250	300	350	400	450	500	600
6.3	C20	130	817	743	650	520	443	371	325	289	260	217
	C30	173	1151	987	863	691	576	493	432	384	345	288
	C40	205	1366	1171	1025	820	683	585	512	455	410	342

槽钢的型号	混凝土强度等级	单个槽钢连接件的受剪承载力设计值/kN	在下列间距（mm）条件下沿梁长每米槽钢连接件抗剪承载力设计值/kN									
			150	175	200	250	300	350	400	450	500	600
8	C20	138	919	993	689	551	460	393	345	306	276	230
	C30	183	1221	1046	916	732	610	523	458	407	366	305
	C40	217	1449	1242	1087	869	724	621	543	483	435	362
10	C20	146	976	837	732	586	488	418	366	325	293	244
	C30	194	1296	1111	972	778	648	556	486	432	389	324
	C40	231	1539	1319	1154	923	769	659	577	513	462	385
12 或 12.6	C20	154	1028	882	771	617	514	441	386	343	309	257
	C30	205	1366	1171	1025	820	683	586	512	455	410	342
	C40	243	1621	1389	1216	973	811	695	608	540	486	405

注：表中槽钢的长度均按 100mm 计算。当槽钢长度不为 100mm 时，其抗剪承载力设计值应按比例增减。

2. 连接件焊缝计算

槽钢连接件主要通过肢尖和肢背两条通长角焊缝与下部钢梁连接，角焊缝的尺寸可按连接件的抗剪承载力 N_v^c 进行计算。

（三）单个弯筋连接件的抗剪承载力

单个弯筋连接件的抗剪承载力设计值 N_v^c，可按式（4-7）计算或查表4-3确定

$$N_v^c = A_{st} f_{st} \qquad (4-7)$$

式中：N_v^c 为单个弯筋连接件的抗剪承载力设计值；A_{st} 为单根弯筋连接件的截面面积；f_{st} 为弯筋的抗拉强度设计值。

表 4-3　弯筋连接件的抗剪承载力设计值 N_v^c

直径/mm	截面面积/mm²	钢筋强度设计值/(N/mm²)	单个弯筋连接件的受剪承载力设计值/kN	在下列间距（mm）条件下沿梁长单排弯筋连接件抗剪承载力设计值/kN									
				150	175	200	250	300	350	400	450	500	600
12	113.1	210	23.8	158	136	119	95	79	68	59	53	48	40
		300	33.9	234	200	175	140	117	100	88	78	70	58
14	153.9	210	32.3 ·	215	185	162	129	108	92	81	72	65	54
		300	46.2	318	273	239	191	159	136	119	106	95	80
16	201.1	210	42.2	282	241	211	169	141	121	106	94	84	70
		300	60.3	416	356	312	249	208	178	156	139	125	104
18	254.5	210	53.4	356	305	267	214	178	153	134	119	169	89
		300	76.4	526	451	395	316	263	225	197	175	158	131
20	314.2	210	66.0	440	377	330	264	220	180	165	147	132	110
		300	94.3	649	557	487	390	325	278	244	216	195	162
22	380.1	210	79.8	532	456	399	319	266	228	200	177	160	133
		300	114.0	786	673	589	471	393	337	295	262	236	196

注：表中 210N/mm² 和 300N/mm² 的钢筋强度设计值对应的钢筋级别为 HPB235 和 HRB335。

五、抗剪连接件设计方法

（1）抗剪连接件的弹性设计方法。按弹性方法设计组合梁的抗剪连接件时采用换算截面法。假定钢梁与混凝土板交界面上的纵向水平剪力全部由抗剪连接件承担，忽略钢梁与混凝土板之间的黏结作用。荷载作用下，钢梁与混凝土翼板交界面上的剪应力由两部分组成。一部分是准永久荷载产生的剪应力，需要考虑荷载的长期效应；另一部分是可变荷载产生的剪应力，不考虑荷载的长期作用影响。交界面上的剪应力按公式 $\tau = \dfrac{V_g S_0^c}{I_0^c b} +$

$\dfrac{V_q S_0}{I_0 b}$ 来计算。式中，V_g、V_q 为组合梁横截面处分别由准永久荷载和可变荷载产生的剪力设计值；S_0^c 为考虑荷载长期效应时，钢梁与混凝土翼板交界面以上换算截面对组合梁弹性中和轴的面积矩，其中钢材与混凝土的弹性模量比取为 $2\alpha_E$；S_0 为不考虑荷载长期效应时，钢梁与混凝土翼板交界面以上换算截面对组合梁弹性中和轴的面积矩，其中钢材与混凝土的弹性模量比取为 α_E；I_0^c 为考虑荷载长期效应时，组合梁的换算截面惯性矩；I_0 为不考虑荷载长期效应时，组合梁的换算截面惯性矩；b 为钢梁与混凝土翼板交界面的宽度。按公式 $\tau = \dfrac{V_g S_0^c}{I_0^c b} + \dfrac{V_q S_0}{I_0 b}$ 计算得到的 $\tau \cdot b$ 即为梁单位长度上的剪力图。

将剪应力图分成若干小块，每小块的面积即为该段总剪力值，再除以单个抗剪连接件的抗剪承载力 N_v^c 即可得到每小块剪应力图所需的抗剪连接件数量。对于承受均布荷载的简支梁，半跨量所需抗剪连接件数目可按公式 $n = \dfrac{1}{2} \times \dfrac{\tau_{max} bl/2}{N_v^c} = \dfrac{\tau_{max} bl}{4 N_v^c}$ 来计算。式中，τ_{max} 为梁端钢梁与混凝土翼板交界面处的剪应力；l 为组合梁的跨度。

（2）抗剪连接件的塑性设计方法。试验研究表明，组合梁中常用的栓钉等柔性抗剪连接件在较大的荷载作用下会产生滑移变形，使交界面上的剪力在各个连接件之间发生重分布。达到极限状态时，交界面各连接件受力几乎相等，与其位置无关，因此不必按剪力图布置连接件，可以分段均匀布置，从而给设计和施工带来极大的方便。根据极限平衡方法，组合梁抗剪连接件的塑性设计方法为：

1）以弯矩绝对值最大点及零弯矩点为界限，划分为若干剪跨区段。

2）逐段确定各剪跨区段内的钢梁与混凝土交界面的纵向剪力 V_s。

3）确定每个剪跨区内所需抗剪连接件的数目 n_f。

4）将算得的连接件数目在相应的剪跨区段内均匀布置。

为简化起见，对于连续组合梁，也可以近似地分为从边支座到边跨跨中，从边跨跨中到内支座，再从内支座到中跨跨中等多个区段，然后依次对以上各个区段的混凝土翼板和钢梁根据极限平衡条件均匀布置抗剪连接件。

第三节　组合梁的承载力设计

一、组合梁试验研究

（一）组合梁正弯矩受弯性能

20 世纪 50 年代起，国内外对钢与混凝土组合梁的承载力性能进行了大量的试验研究，试验研究结果表明：若混凝土与钢梁截面的剪力连接充足，简支组合梁的破坏大都表现为混凝土板翼板破坏。

简支组合梁在实验过程中还发现了一些特征：钢梁与混凝土翼板能共同工作，混凝土翼板均出现弯曲裂缝，在达到极限承载力之前，钢梁开始屈服或部分屈服，组合梁的最终破坏都以混凝土翼板顶面压碎、承载力下降为标志。在正弯矩作用下，组合梁荷载-挠度曲线表现了较好的延性，均未出现脆性破坏。由于组合梁的剪力连接件配置涉及的抗剪连接程度及横向配筋的差异，组合梁混凝土翼板最终裂缝形态会有所不同。简支组合梁的破坏大致可归纳为弯曲破坏、弯剪破坏和纵向剪切破坏。

出现弯曲破坏的简支组合梁的挠曲特征一般都表现出较好的延性。图 4-16 为钢与混凝土组合梁典型的正弯矩（荷载）-应变（挠度）曲线，可以近似分为三个阶段：

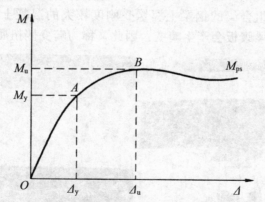

图 4-16　钢与混凝土组合梁正弯矩（荷载）-挠度（应变）曲线

（1）弹性阶段。从加载至极限荷载的 75%（A 点）左右，荷载与挠度之间近似呈线性关系，梁整体工作性能良好。

（2）弹塑性阶段。当荷载超过极限荷载的 75%（A 点），钢梁底部

（受拉区）开始屈服，钢梁受压区逐渐进入屈服。随后，组合梁刚度降低，挠度发展速率高于荷载发展速率，截面内力产生重分布，荷载-挠度呈明显的非线性。

（3）下降段。达到极限荷载（ B 点）后，曲线开始较平缓地下降，下降速度与翼板横向配筋率以及抗剪连接程度成反比，而挠度仍有较大发展，组合梁表现较好的延性。

（二）组合梁负弯矩受弯性能

简支组合梁一般受正弯矩作用，混凝土翼板主要受压，钢梁上部翼缘受混凝土翼板约束，钢梁不会发生整体失稳。采用连续组合梁时，梁跨上会存在正弯矩区和负弯矩区。在连续梁的内支座附近区域，组合梁承受负弯矩，混凝土翼板受拉，而钢梁的下翼缘和部分腹板受压。在荷载的初期，混凝土翼板未开裂，混凝土与钢梁共同作用。但随着荷载增大，混凝土翼板顶部出现开裂，截面的应力会重新分布，截面的中和轴下移。荷载继续增大，混凝土翼板的弯曲裂缝会贯通翼板，只有混凝土翼板中的钢筋承担板中的拉力，截面中和轴进一步下移。同时，钢梁截面也会相继进入屈服，达到截面的承载力极限状态。与正弯矩区所不同的是：负弯矩区组合梁的弯曲承载力性能受钢筋和钢梁强度的影响，同时还受梁的屈曲失稳控制，混凝土对组合梁截面负弯矩承载力影响可不计。组合梁负弯矩区的屈曲失稳包括：钢梁受压下翼缘和受压腹板的局部屈曲［图4-17（a）］，畸变侧扭屈曲亦即整体失稳［图4-17（b）］。组合梁与钢梁的失稳机理与形态也存在显著差异，组合梁的钢梁上翼缘受刚度较大的混凝土翼板约束，发生侧扭失稳时，钢梁腹板会产生畸变，因此又称为畸变侧扭屈曲。

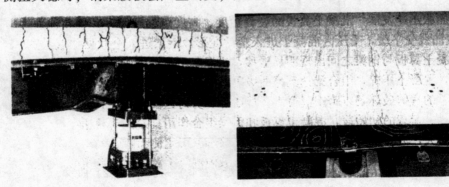

（a）局部屈曲　　　　　　　　　　（b）畸变侧扭屈曲

图4-17　组合梁负弯矩区的屈曲失稳

二、组合梁的稳定性分析

组合梁的稳定问题包括整体稳定性和局部稳定性。

在施工阶段，无论简支梁还是连续组合梁，由于混凝土翼板尚未硬化，不参加工作，仅作为施工荷载作用于钢梁上，因此施工阶段组合梁的整体稳定分析与纯钢梁的整体稳定分析完全相同。

在施工阶段，若钢梁受压翼缘的自由长度 l_1 与其宽度 b_1 的比值不超过表 4-4 中数值时，不必验算施工阶段钢梁的整体稳定；否则，可按《钢结构设计规范》（GB 50017—2017）中相关规定进行钢梁整体稳定计算。

表 4-4　H 型钢或等截面工字形简支梁不需验算整体稳定性的最大 l_1/b_1 值

钢号	跨中无侧向支承点的梁		跨中受压翼缘有侧向支承点的梁（不论荷载作用于何处）
	荷载作用在上翼缘	荷载作用在下翼缘	
Q235	13	20	16
Q345	10.5	16.5	13
Q390	10	15.5	12.5
Q420	9.5	15	12

在使用阶段，组合梁的混凝土翼板与钢梁已形成整体组合截面。对一般单跨简支组合梁，截面承受正弯矩作用，且混凝土翼板可为钢梁上翼缘（受压状态）提供可靠的侧向支撑，故不需进行整体稳定性分析；对连续组合梁，在中间支座处出现了负弯矩区，甚至组合梁沿跨度方向的各截面均为负弯矩，此时钢梁的下翼缘处于受压状态，可能发生出平面的弯曲扭转失稳，其稳定特点与纯钢梁有较大的区别，需按照组合结构的要求对其进行整体稳定分析。

（一）组合梁的整体稳定性

使用阶段的连续组合梁，往往在中间支座处出现负弯矩区，或当活荷载较大时，在荷载的不利布置下，出现某一跨全部截面承受负弯矩的情况，导致组合梁中钢梁的下翼缘受压。若钢梁的受压翼缘没有侧向支撑或侧向支撑的间距较大，其自由长度 l_1 与其宽度 b_1 的比值超过表 4-4 中数值时，钢梁的受压翼缘和腹板可能发生弯扭 [图 4-18（a）] 而偏离荷载作用平面，组合梁发生整体失稳，需验算其整体稳定。

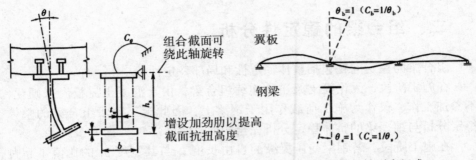

（a）组合梁侧向弯曲扭转变形　　　（b）组合梁的扭转刚度组成

图 4-18　组合梁的整体失稳和抗扭刚度

连续组合梁负弯矩区的钢梁受压翼缘侧向稳定为钢梁的横向弯曲扭转失稳［图 4-18（a）］，等价于侧向弹性地基上的压杆稳定问题，其稳定理论分析十分复杂。

连续组合梁的整体稳定系数一般根据组合梁的抗扭刚度计算出其理想弹性失稳弯矩来确定。组合梁的抗扭刚度主要是由混凝土翼板的抗弯刚度和钢梁截面的变形刚度组成［图 4-18（b）］的，可按下式计算

$$C_\varphi = \frac{1}{C_b} + \frac{1}{C_s} \tag{4-8}$$

式中：C_φ 为组合梁的抗扭刚度；C_b 为组合梁混凝土翼板的抗弯刚度；C_s 为组合梁钢梁的变形刚度。

在实际工程中，由于理论计算较为烦琐，因此一般是通过增加组合梁中钢梁受压翼缘的宽度和厚度、在支座处和负弯矩区按一定间距增设横向加劲肋以及受压翼缘上增设隔撑等措施，来提高组合梁的抗扭刚度，减少钢梁的横向弯曲扭转，防止组合梁的整体失稳。

（二）组合梁的局部稳定性

为了避免局部失稳，可通过增加钢梁板件的厚度，减小板件的边长或增设加劲肋等措施来提高抗失稳能力。

（1）简支梁。当支座处剪力较大，钢梁腹板又较高较薄时，局部失稳可出现在支座处的腹板内。

（2）连续梁。在中间支座处腹板及受压翼缘均可能发生局部失稳。

弹性设计时，钢梁受压翼缘的外伸宽度 b 与其厚度 t 之比应满足现行的《钢结构设计规范》（GB 50017—2017）对受压构件局部稳定的有关规定，钢梁腹板的高度 h_0 与其厚度 t_w 之比则应满足对受弯构件局部稳定的有关规定。

塑性设计时，钢材的力学性能应满足强屈比 $f_u/f_y \geqslant 1.2$，伸长率 $\delta_s \geqslant 15\%$，对应于抗拉强度 f_u 的应变 ε_u 不小于 20 倍屈服点应变 ε_y。塑性设计截面板件的宽厚比应符合表 4-5。

表 4-5　板件宽厚比

界面形式	翼缘	腹板
	$\dfrac{b}{t} \leqslant 9\sqrt{\dfrac{235}{f_y}}$	当 $\dfrac{N}{Af} < 0.37$ 时 $\dfrac{b_0}{t_w}\left(\dfrac{h_1}{t_w},\ \dfrac{h_0}{t_w}\right) \leqslant$ $\left(72 - 100\dfrac{N}{Af}\right)\sqrt{\dfrac{235}{f_y}}$ 当 $\dfrac{N}{Af} \geqslant 0.37$ 时 $\dfrac{b_0}{t_w}\left(\dfrac{h_1}{t_w},\ \dfrac{h_0}{t_w}\right) \leqslant 35\sqrt{\dfrac{235}{f_y}}$
	$\dfrac{b_0}{t} \leqslant 30\sqrt{\dfrac{235}{f_y}}$	与前项工字形截面的腹板相同

三、组合梁的有效翼缘宽度

常见的钢与混凝土组合梁一般由混凝土翼板与翼板下的一系列平行布置的钢梁连接组成，如建筑的楼面以及桥梁结构。组合梁在弯曲变形时，混凝土翼板中的剪应变使混凝土板的横向截面变形不一致，远离梁轴线的翼板纵向变形滞后于靠近梁轴线的翼板纵向变形，混凝土翼板内的弯曲正应力沿着板宽方向分布不均匀，这种现象称为剪力滞效应。若靠近腹板处的翼板正应力大于翼板边缘处的翼板正应力，称为正剪力滞效应；反之，称为负剪力滞效应（图 4-19）。工程中，通常采用混凝土翼板有效翼缘宽度的方法，将工程中的楼面或桥梁的空间结构简化为一维结构的伯努利梁，作为对剪力滞问题的一种简化。有效翼缘宽度 b_e 的定义为：混凝土翼板在此宽度范围内应力的合力与实际混凝土翼板中应力的合力是静力等效

的，即

$$\sigma_{max} b_e b_c = \int_{-b/2}^{b/2} \sigma_{.}(x) h_c \mathrm{d}x \qquad (4-9)$$

可以得到

$$b_e = \int_{-b/2}^{b/2} \sigma(x) \mathrm{d}x / \sigma_{max} \qquad (4-10)$$

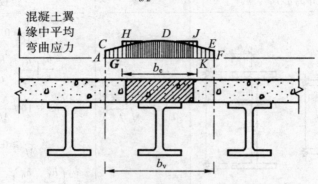

图 4-19　混凝土翼板弯曲应力分布及剪力滞

　　研究表明，b_e 与实际翼板宽度 b 的比值 b_e/b 不仅与结构的尺寸有关，而且还要受荷载类型、支承条件和截面类型的影响。图 4-20 为简支组合梁混凝土翼板有效翼缘宽度沿跨度的变化情况，在均布荷载作用下，跨中混凝土有效翼缘宽度最大，支座处有效翼缘宽度最小；而在跨中集中荷载作用下，荷载作用的跨中截面有效翼缘宽度最小，支座位置有效翼缘宽度最大。图 4-20 左面的纵坐标为组合梁混凝土有效翼缘宽度与实际混凝土翼板宽度的比值，又称为混凝土翼板有效宽度系数，右侧纵坐标为实际翼板宽度与跨度之比。

　　组合梁混凝土翼板有效宽度的取值，会直接影响到组合梁的承载力及变形的计算。因此，准确、合理的混凝土翼板有效宽度取值是正确设计组合梁的基础。由于剪力滞后和组合梁材料性质的影响，弹性和塑性阶段组合梁的混凝土翼缘有效宽度不同，正弯矩区和负弯矩区混凝土翼缘有效宽度也不一致。

　　大多数组合结构规范给出的有效翼缘宽度计算的简便公式，一般都是基于组合梁的弹性分析，主要用于正常使用极限状态的挠度和应力计算，当被用于承载能力极限状态的承载力计算时，组合梁截面进入塑性阶段，混凝土翼板实际有效宽度比弹性阶段的有效宽度要大，结果是偏于安全的。组合梁设计中承载力和变形计算均采用混凝土翼缘有效宽度概念。有效翼缘宽度的取值考虑了组合梁跨度、混凝土板厚度以及相邻梁的净距等影响。

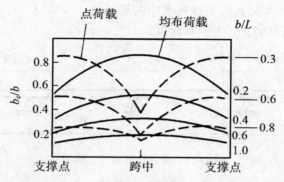

图 4-20　翼板有效翼缘宽度的变化曲线

我国设计规范的组合梁设计中，混凝土翼板有效翼缘宽度采用下式计算（相关符号如图 4-21 所示）：

$$b_e = b_0 + b_1 + b_2 \tag{4-11}$$

式中：b_0 为板托顶部的宽度。当板托倾角 $\alpha < 45°$，应按 $\alpha = 45°$ 计算板托顶部的宽度；当无板托时，则取钢梁上翼缘的宽度。b_1、b_2 分别为梁外侧和内侧的翼板计算宽度，各取梁等效跨径 L_0 的 1/6 和翼缘板厚度 h_{c1} 的 6 倍中的较小值。此外，b_1 尚不应超过翼板实际外伸宽度 S_1；b_2 不应超过相邻钢梁上翼缘或板托间净距 S_0 的 1/2。

组合梁等效计算跨径 L_0 为梁上零弯矩点间的距离。简支组合梁 L_0 为梁支承间的距离，对于连续组合梁，中间跨正弯矩区取为 $0.6L$，边跨正弯矩区取为 $0.8L$，支座负弯矩区取为相邻两跨跨度之和的 0.2 倍，其中 L 为梁的跨度。

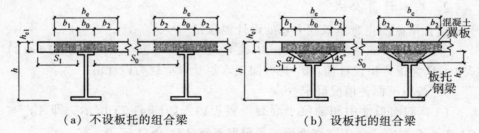

（a）不设板托的组合梁　　　　　（b）设板托的组合梁

图 4-21　混凝土翼板的计算宽度

EC4 建议：混凝土翼板有效翼缘宽度沿钢梁腹板两侧的有效翼缘宽度各取 $L_0/8$（L_0 为等效跨径），但不应大于两相邻钢梁腹板间距的一半，也不应大于边梁到板悬臂部分的距离。EC4 还提供了一种连续组合梁正、负弯矩区等效计算跨径的简化方法，如图 4-22 所示。连续组合梁的中间支座区段，负弯矩区长度取为相邻两跨跨度之和的 1/4。有效翼缘宽度则取计算

跨径 L_0 的 1/4 和实际翼板宽度两者中的较小值。

对于简支组合梁，L_0 为实际跨度。

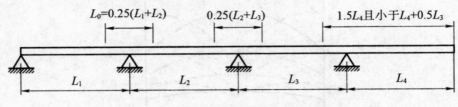

图 4-22　等效计算跨径示意图

四、组合梁的塑性承载力计算

（一）组合截面正弯矩承载力计算

1. 基本假定

在确定组合梁截面正弯矩受弯承载力时，采用以下几点基本假定：

（1）混凝土翼板与钢梁有可靠的交互连接（完全抗剪连接），能保证抗弯能力得到充分发挥。

（2）位于塑性中和轴一侧的受拉混凝土，因为开裂而不参加工作。

（3）在混凝土的受压区为均匀受压，并达到混凝土抗压强度设计值 f_c。

（4）在钢梁的受压区为均匀受压，在钢梁的受拉区为均匀受拉，并分别达到钢材抗压、抗拉强度设计值 f。

2. 基本计算公式

组合梁截面正弯矩承载力总的设计要求是

$$M \leqslant M_u \tag{4-12}$$

式中：M 为正弯矩设计值；M_u 为截面正弯矩受弯承载力设计值。

M_u 按以下两种情况确定：

（1）截面塑性中和轴位于混凝土翼板内，如图 4-23 所示，即 $A_a f_a \leqslant b_e h_c f_c$。令混凝土受压区高度为 x，根据平衡条件 $\sum X = 0$，有

$$b_e x f_c = A_a f_a \tag{4-13}$$

由此可得

$$x = \frac{A_a f_a}{b_a f_c} \tag{4-14}$$

再由平衡条件 $\sum M = 0$，得

$$M_u = b_e x f_c y \qquad (4-15)$$

式中：A_a 为钢梁截面面积；b_e 为混凝土翼板计算宽度；x 为混凝土翼板受压区高度；f_a 为钢材抗拉强度设计值；f_c 为混凝土抗压强度设计值；y 为钢梁截面形心至混凝土翼板受压区截面形心间的距离。

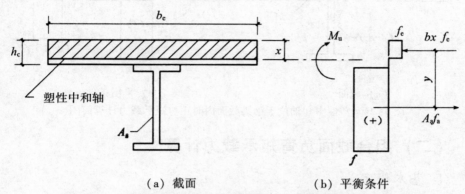

（a）截面　　　　　　　（b）平衡条件

图 4-23　塑性中和轴位于混凝土翼板内时正弯矩承载力计算简图

（2）截面塑性中和轴位于钢梁截面内，如图 4-24 所示，即 $A_a f_a > b_e h_c f_c$。令钢梁受压区截面面积为 A_{ac}，钢梁受拉区截面面积为（$A_a - A_{ac}$），根据平衡条件 $\sum X = 0$，有

$$b_e h_c f_c + A_{ac} f_a = (A_a - A_{ac}) f_a \qquad (4-16)$$

由此可得

$$A_{ac} = \frac{A_a f_a - b_e h_c f_c}{2 f_a} \qquad (4-17)$$

再由平衡条件 $\sum M = 0$，得

$$M_u = b_e h_c f_c y_1 + A_{ac} f_a y_2 \qquad (4-18)$$

式中：A_{ac} 为钢梁受压区截面面积；y_1 为钢梁受拉区截面形心至混凝土翼板截面形心间的距离；y_2 为钢梁受拉区截面形心至钢梁受压区截面形心间的距离；h_c 为混凝土翼板的计算厚度，对普通钢筋混凝土翼板，取等于原厚度，对压型钢板混凝土组合板翼板，取等于组合板总厚度减去压型钢板肋高。

由以上两种情况可以看出，组合梁中的"钢梁"，实际上不是真正的梁，对于情况（1），它是轴心受拉构件；对于情况（2），它是以拉为主的拉弯构件。所以组合梁中的钢梁有时也称作"钢部件"。正因为情况（1）中的钢部件是纯拉构件，没有必要要求它的板件宽厚比一定要符合表 4-5 的要求。即使对情况（2），钢部件受拉受弯、以拉为主，其受压翼缘的宽厚比一般也都能满足，何况它紧贴混凝土翼板，处于有利的局部稳定状态。

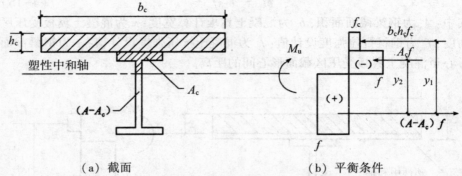

（a）截面 　　　　　　　　（b）平衡条件

图4-24　塑性中和轴位于钢梁截面内时正弯矩承载力计算简图

（二）组合截面负弯矩承载力计算

1. 基本假定

在确定组合梁截面负弯矩受弯承载力时，采用以下几点基本假定：

（1）混凝土翼板开裂，不参与截面工作。

（2）在计算宽度的混凝土翼板内，所配的钢筋受拉并达到抗拉强度设计值 f_{st}。

（3）因为混凝土翼板内所配的钢筋截面面积 A_{st} 不会太大，不会超过钢部件的截面面积 A_a，组合截面的塑性中和轴通常都位于钢梁腹板内，或者至多位于钢梁上翼缘内，不会位于混凝土翼板内。

（4）钢梁截面上部受拉、下部受压，应力均匀分布，且都达到强度设计值 f_a。

（5）钢部件截面必须是"厚实的"。

2. 基本公式

组合梁截面负弯矩受弯承载力设计要求是

$$M \leqslant M_u \qquad\qquad (4-19)$$

式中：M 为负弯矩设计值；M_u 为截面负弯矩受弯承载力设计值。

基于前述基本假定，组合梁截面在负弯矩（M_u）作用下，截面应力图如图4-25所示。

在图4-25中，钢梁塑性中和轴就是等分钢梁截面面积的轴，该轴以上的钢梁截面面积等于其下的截面面积，这是可以事先确定的，钢筋的位置也是事先可以确定的，它距混凝土翼板顶面为 a_s，a_s 一般为30mm，而组合截面塑性中和轴则位于钢筋与钢梁塑性中和轴之间，令组合截面塑性中和轴距钢筋的距离为 y_3，距钢梁塑性中和轴的距离为 y_4，并以 y_4 为待定距离。

为了简化对 y_4 距离的推导，将图 4-25 中的基本应力图（b）分解为图（c）与图（d）两项叠加，其中图（c）对应于钢梁绕自身塑性中和轴所承担的弯矩 M_s，图（d）对应于钢筋拉力 $A_{st}f_{st}$ 与腹板中叠加压力 C_w 所承担的力偶弯矩 M_{st}，腹板受压区高度为 y_4，应力坐标等于 $2f_a$。根据平衡条件 $\sum X = 0$，有

$$T + A_{st}f_{st} = C + C_w \tag{4-20}$$

其中

$$C_w = 2f_a t_w y_4 \tag{4-21}$$

又因为 $T = C$，将式（4-19）与式（4-20）合并后，有

$$A_{st}f_{st} = 2f_a t_w y_4 \tag{4-22}$$

得

$$y_4 = \frac{A_{st}f_{st}}{2f_a t_w} \tag{4-23}$$

再由平衡条件 $\sum M = 0$，得

$$M_u = M_s + M_{st} \tag{4-24}$$

$$M_s = (S_1 + S_2)f_a \tag{4-25}$$

$$M_{st} = A_{st}f_{st}\left(y_3 + \frac{y_4}{2}\right) \tag{4-26}$$

式中：S_1、S_2 分别为钢梁塑性中和轴以上和以下截面对该轴的面积矩；A_{st} 为负弯矩区混凝土翼板计算宽度范围内的钢筋截面面积；f_{st} 为钢筋抗拉强度设计值；y_3 为纵向钢筋截面形心至组合梁塑性中和轴的距离；y_4 为组合梁塑性中和轴至钢梁塑性中和轴的距离。

由以上公式推导过程可以看出，负弯矩区段组合梁的钢梁是压弯构件，它所受的压力为 C_w，其值等于 $A_{st}f_{st}$，作用在腹板内，因此组合梁的负弯矩工作截面的钢部件截面一定要是"厚实的"，尤其是要注意腹板的宽厚比，由表 4-5 可知，要求 $\dfrac{h_0}{t_w} \leqslant \left(72 - 100\dfrac{A_{st}f_{st}}{Af}\right)\sqrt{\dfrac{235}{f_y}}$，可见 $A_{st}f_{st}$ 愈大，对腹板宽厚比限制愈严。在组合梁的负弯矩工作截面中 $\dfrac{A_{st}f_{st}}{A_a f_a}$ 称为力比，设计时力比不宜过大，一般不宜超过 $0.2 \sim 0.3$，不应超过 0.5。组合梁的型钢部件宜用厚腹工字钢。

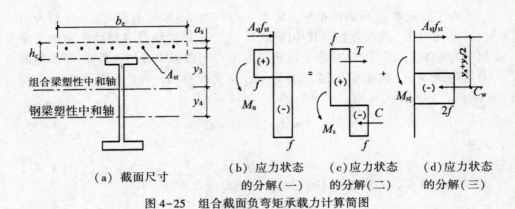

（a）截面尺寸　　　（b）应力状态　　（c）应力状态　　（d）应力状态
　　　　　　　　　　　　的分解（一）　　的分解（二）　　的分解（三）

图4-25　组合截面负弯矩承载力计算简图

（三）组合截面竖向受剪承载力计算

1. 基本假定

组合梁的受剪承载力计算，采用以下几点基本假定：

（1）竖向剪力全部由钢梁腹板承担，截面上剪应力均匀分布，且达到钢材抗剪强度设计值f_v。

（2）在一定条件下，不考虑弯、剪共同作用的相关影响。

2. 基本计算公式

组合梁的受剪承载力设计要求是

$$V \leqslant V_u \tag{4-27}$$

式中：V为剪力设计值；V_u为截面受剪承载力设计值。

根据假定（1），V_u按下式计算

$$V_u = h_w t_w f_v \tag{4-28}$$

式中：h_w为腹板高度；t_w为腹板厚度；f_v为钢材抗剪强度设计值。

式（4-27）对简支梁支座截面来讲是没有疑义的，因为该截面所受的剪力最大而且是纯剪（$M=0$）。而对于多数场合，则是弯剪共存，以连续梁中间支座两侧截面而言，弯矩及剪力都是最大，如果是不配筋的钢梁，用 Von-Mises 强度理论分析，应该按图4-26中的相关曲线"a"验算，图中M_0及V_0为纯弯及纯剪时的截面承载力，M及V则是弯剪共同作用时的截面受弯及受剪承载力，$\dfrac{M}{M_0} \leqslant 1$，$\dfrac{V}{V_0} \leqslant 1$。但是，试验表明，只要负弯矩截面的力比不小于0.15，钢材进入强化阶段工作，所有的试验结果点均位于图4-26中相关曲线"b"的右上角之外，$\dfrac{M}{M_0} > 1$ 及 $\dfrac{V}{V_0} > 1$，肯定了按相关曲线

"b"是有充分把握的。相关曲线"b"的水平段的表达式为$\dfrac{M}{M_0}=1$，是指纯弯；相关曲线"b"的竖直段的表达式为$\dfrac{V}{V_0}=1$，是指纯剪，简言之就是弯、剪承载力可以互相独立地计算，互不相关。

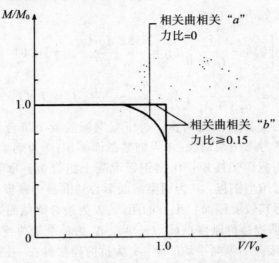

图 4-26　弯剪共同作用下承载力相关曲线

第四节　组合梁正常使用性能设计

一、组合梁的挠度变形验算

钢与混凝土组合梁在正常使用状况下的挠度计算是工程设计人员经常遇到的问题。一般认为：在正常使用状况下，组合梁处于线弹性状态。国内外有关设计规范均采用线弹性计算方法进行组合梁的挠度验算。我国现行组合结构相关的设计规范采用换算截面法把钢和混凝土两种材料组成的组合梁截面，换算成同一种材料的截面来计算组合梁的截面抗弯刚度，并引入刚度折减系数，来考虑纵向滑移对挠度计算值的影响。

在分析滑移效应和推导刚度折减系数时假设组合梁中的钢梁和混凝土均处于弹性状态，另外还假定：钢梁与混凝土翼板交界面上的水平剪力与相对滑移成正比；钢梁和混凝土翼板具有相同的曲率并都符合平截面假定；

忽略钢梁与混凝土翼板间的竖向掀起作用，假设二者的竖向位移一致。推导得组合梁考虑滑移效应的折减刚度 B 可按式（4-29）计算

$$B = \frac{E_s I_{eq}}{1 + \xi} \tag{4-29}$$

式中：E_s 为钢梁的弹性模量；I_{eq} 为组合梁的换算截面惯性矩；ξ 为刚度折减系数，计算公式如下：

$$\xi = \eta\left[0.4 - \frac{3}{(jl)^2}\right], \ \eta = \frac{36E_s d_c p A_0}{n_s k h l^2}, \ j = 0.81\sqrt{\frac{n_s k A_1}{E_s I_0 p}} \tag{4-30}$$

$$A_0 = \frac{A_{cf} A}{\alpha_E A + A_{cf}}, \ A_1 = \frac{I_0 + A_0 d_c^2}{A_0}, \ I_0 = I + I_{cf}/\alpha_E \tag{4-31}$$

式中：A_{cf} 为混凝土翼板截面面积；对压型钢板混凝土组合板，取其较弱截面的面积，且不考虑压型钢板；A 为钢梁截面面积；I 为钢梁截面惯性矩；I_{cf} 为混凝土翼板的截面惯性矩；压型钢板混凝土组合板，取其较弱截面的惯性矩，且不考虑压型钢板；d_c 为钢梁截面形心到混凝土翼板截面（压型钢板混凝土组合板为其较弱截面）形心的距离；h 为组合梁截面高度；l 为组合梁的跨度；k 为抗剪连接件刚度系数，$k = N_v^c$，N_v^c 为单个受剪连接件承载力设计值；p 为抗剪连接件的纵向平均间距；n_s 为抗剪连接件在一根梁上的列数；α_E 为钢材与混凝土弹性模量的比值。

按上面各式计算组合梁挠度时，应分别按荷载的标准组合和准永久组合来进行计算，其中，当按荷载效应的准永久组合进行计算时，α_E 均用 $2\alpha_E$ 来代入式中进行计算。

上述挠度计算均是针对完全抗剪连接的组合梁。当组合梁的抗剪连接不满足完全抗剪，即当 $n < n_f = V_u/N_v^c$，可采用线性插值的方法计算部分抗剪连接组合梁的挠度变形。

在同样荷载情况下，设部分抗剪连接组合梁的挠度变形为 δ，对应梁上的抗剪连接件个数为 n_e，与之对应，δ_c 是抗剪连接件个数为 n_f 时完全抗剪连接组合梁的挠度，δ_0 是单独钢梁的挠度，通过线性插值，则有：

当组合梁在施工中采用完全支撑，其挠度为：

$$\delta = \delta_c + 0.51\left(1 - \frac{n_r}{n_f}\right)(\delta_0 - \delta_c) \tag{4-32}$$

当组合梁在施工中不采用支撑，其挠度为：

$$\delta = \delta_c + 0.3\left(1 - \frac{n_r}{n_f}\right)(\delta_0 - \delta_c) \tag{4-33}$$

式中：δ 为部分抗剪连接件组合梁的挠度计算值；δ_c 为完全抗剪连接组合梁的挠度计算值；δ_0 为单独钢梁的挠度计算值；n_r 为部分抗剪连接组合梁抗剪连接件个数；n_f 为完全抗剪连接组合梁抗剪连接件个数。

由于采用线性插值近似，在计算完全抗剪连接组合梁的挠度值时，可以不考虑滑移产生的刚度折减，而采用组合梁换算截面的抗弯刚度 $E_s I_{eq}$，其计算误差可满足工程计算精度要求。

二、组合梁的裂缝宽度验算

组合梁负弯矩区混凝土翼板的受力情况与钢筋混凝土轴心受拉构件相似，因此可采用《混凝土结构设计规范》（GB50010—2010）的有关公式计算组合梁负弯矩区的最大裂缝宽度

$$\omega_{max} = 2.7\psi \frac{\sigma_{sk}}{E_s}\left(1.9c + 0.08\frac{d_{eq}}{\rho_{te}}\right) \qquad (4-34)$$

式中：ψ 为裂缝间纵向受拉钢筋的应变不均匀系数，当 $\psi < 0.2$ 时取 $\psi = 0.2$，当 $\psi > 1$ 时取 $\psi = 1$，对直接承受重复荷载的情况取 $\psi = 1$；σ_{sk} 为按荷载效应的标准组合计算的开裂截面纵向受拉钢筋的应力；c 为最上层纵向钢筋的保护层厚度，当 $c < 20mm$ 时取 $c = 20mm$，当 $c > 65mm$ 时取 $c = 65mm$；d_{eq} 为纵向受拉钢筋的等效直径；ρ_{te} 为以混凝土翼板薄弱截面出受拉混凝土的截面面积计算得到的受拉钢筋配筋率，$\rho_{te} = A_{st}/(b_e h_c)$，$b_e$ 和 h_c 是混凝土翼板的有效宽度和高度。

受拉钢筋应变不均匀系数 ψ 按下式计算

$$\psi = 1.1 + 0.65\frac{f_{tk}}{\rho_{te}\sigma_{sk}} \qquad (4-35)$$

式中：f_{tk} 为混凝土的抗拉强度标准值。

纵向受拉钢筋的等效直径 d_{eq} 按下式计算

$$d_{eq} = \frac{\sum n_i d_i^2}{\sum n_i v_i d_i} \qquad (4-36)$$

式中：n_i 为受拉区第 i 种纵向钢筋的根数；d_i 为受拉区第 i 种纵向钢筋的公称直径；v_i 为受拉区第 i 种纵向钢筋的表面特征系数，带肋钢筋 $v = 1.0$，光面钢筋 $v = 0.7$。

对于连续组合梁的负弯矩区，受拉钢筋的应力 σ_{sk} 按下式计算

$$\sigma_{sk} = \frac{M_k y_s}{I_{cr}} \qquad (4-37)$$

$$M_k = M_e(1 - \alpha_r) \tag{4-38}$$

式中：γ_s 为钢筋截面重心至钢筋和钢梁形成的组合截面中和轴的距离；I_{cr} 为由纵向普通钢筋与钢梁形成的组合截面惯性矩；M_k 为钢与混凝土形成组合截面之后考虑了弯矩调幅的标准荷载作用下支座截面负弯矩组合值；M_e 为钢与混凝土形成组合截面之后标准荷载作用下按未开裂模型进行弹性计算得到的连续组合梁中支座负弯矩值；α_r 为连续组合梁中支座负弯矩调幅系数，其取值不宜超过 15%。需要指出的是，对于悬臂组合梁，M_k 应根据平衡条件计算。

按式（4-34）计算出的最大裂缝宽度 ω_{max} 不得超过允许的最大裂缝宽度限值 ω_{lim}。处于一类环境时，取 $\omega_{lim} = 0.3mm$；处于二、三类环境时，取 $\omega_{lim} = 0.2mm$；当处于年平均相对湿度小于 60% 地区的一类环境时，可取 $\omega_{lim} = 0.4mm$。

如果计算出的最大裂缝宽度 ω_{max} 不满足要求，可采取以下措施有效地控制裂缝的产生和发展：

（1）使用直径较小的变形钢筋，可以有效地增大钢筋和混凝土之间的黏结作用。

（2）采取减小混凝土收缩的措施，避免收缩进一步加大裂缝宽度。

（3）保证钢梁和混凝土之间的抗剪连接程度，减小滑移的不利影响。

第五节　组合梁的构造要求

一、组合梁的截面尺寸要求

组合梁在设计过程中，其截面尺寸应符合下列构造要求。

（1）组合梁的高跨比。组合梁的高跨比应满足下式要求

$$h \geq \left(\frac{1}{16} \sim \frac{1}{15}\right)l \tag{4-39}$$

（2）组合梁的钢梁高度。为了使钢梁的抗剪强度能够较好地与组合梁的抗弯强度相协调，钢梁的截面高度应满足下式要求

$$h_s \geq \frac{h}{2.5} \tag{4-40}$$

式中：h 为组合梁的截面高度；l 为组合梁的跨度；h_s 为组合梁的钢梁截面高度。

二、组合梁中钢梁的构造要求

组合梁在设计过程中，其钢梁应符合下列构造要求。

（1）钢梁的截面尺寸。

1）钢梁的截面高度应满足式（4-40）的要求。

2）当组合梁采用弹性理论计算方法或塑性理论计算方法时，为了保证钢梁的局部稳定性，钢梁的宽（高）厚比分别对应满足表4-6和表4-7的规定。

表4-6　塑性理论计算时钢梁受压翼缘和腹板的宽（高）厚比

截面形式	翼缘	腹板
	$\dfrac{b}{t} \leqslant 9\sqrt{\dfrac{235}{f_y}}$	当 $N/(Af) < 0.37$ 时 $\dfrac{h_0}{t_w}\left(\dfrac{h_1}{t_w},\ \dfrac{h_2}{t_w}\right) \leqslant$ $\left(72 - 100\dfrac{A_s f_{sy}}{Af}\right)\sqrt{\dfrac{235}{f_y}}$ 当 $N/(Af) \geqslant 0.37$ 时 $\dfrac{h_0}{t_w}\left(\dfrac{h_1}{t_w},\ \dfrac{h_2}{t_w}\right) \leqslant 35\sqrt{\dfrac{235}{f_y}}$
	$\dfrac{b_0}{t} \leqslant$ $30\sqrt{\dfrac{235}{f_y}}$	当 $N/(Af) < 0.37$ 时 $\dfrac{h_0}{t_w} \leqslant \left(72 - 100\dfrac{A_s f_{sy}}{Af}\right)\sqrt{\dfrac{235}{f_y}}$ 当 $N/(Af) \geqslant 0.37$ 时 $\dfrac{h_0}{t_w} \leqslant 35\sqrt{\dfrac{235}{f_y}}$

注：① $N = A_s f_{sy}$ 为构建轴力设计值。

② A_s、f_{sy} 分别为组合梁负弯矩截面中钢筋的截面面积和强度设计值。

③ A、f_y 分别为组合梁中钢梁的截面面积和钢材屈服强度。

④ f 为按塑性理论计算时钢材的抗拉、抗压、抗弯强度设计值。

表 4-7   弹性理论计算时钢梁受压翼缘宽厚比限值

项次	截面形式	宽厚比限值	符号说明
1		组合工字形截面 $\dfrac{b}{t} \leq 13 \sqrt{\dfrac{235}{f_y}}$	b 为翼缘板自由外伸宽度
2		组合箱形截面 $\dfrac{b_0}{t} \leq 40 \sqrt{\dfrac{235}{f_y}}$	b_0 为箱形梁截面受压翼缘板在两腹板之间宽度，当箱形梁受压翼缘有纵向加劲肋时，则为腹板与纵向加劲肋之间翼缘板的宽度

3）组合梁中钢梁的上翼缘宽度不应小于 120mm，一般宜采用大于 150mm 的宽度。

（2）钢梁的截面形状。

1）对跨度较小、荷载轻的组合梁，主、次钢梁菌可采用热轧 H 型钢或工字型钢。

2）对跨度大、荷载重的组合梁，次钢梁仍可采用热轧 H 型钢或工字形钢；而主钢梁宜采用三块钢板加工成上窄、下宽的单轴对称的焊接工字形或 H 形截面（图 4-27）。

3）组合梁为边梁时，其钢梁截面宜采用槽钢形式。

4）为了确保组合梁中钢梁腹板的局部稳定，应根据钢梁腹板高厚比的大小，设置必要的腹板横向加劲肋（图 4-27）。

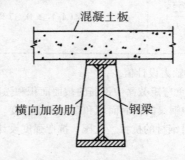

图 4-27   组合梁的截面形状及加劲肋

（3）组合梁中主次钢梁的连接形式。组合梁结构的主梁与次梁之间的连接，主要是两者之间的钢梁连接，其连接方式可采用刚性平接［图 4-28 （a）］、铰接平接 ［图 4-28 （b） ］以及上、下叠接方式 ［图 4-28 （c） ］。

（4）其他要求。

1）钢梁顶面不得涂刷油漆。

2）在浇注或安装混凝土翼板之前，应将钢梁上的铁锈、焊渣、积雪、泥土以及一些杂物等清除。

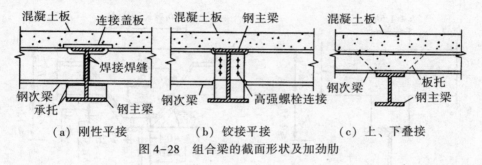

（a）刚性平接　　　　　（b）铰接平接　　　　（c）上、下叠接
图 4-28　组合梁的截面形状及加劲肋

三、组合梁中混凝土翼板和板托的构造要求

组合梁在设计过程中，其混凝土翼板和板托应符合下列构造要求。

（1）板厚的要求。

1）当组合梁的混凝土翼板采用压型钢板与混凝土组合板时，其组合板的总厚度应不小于 90mm；且压型钢板的凸肋顶面至钢筋混凝土翼板顶面的距离不小于 50mm。

2）当组合梁的混凝土翼板采用普通钢筋混凝土板时，混凝土板的总厚度应不小于 100mm。

3）组合梁中混凝土翼板厚度一般以 10mm 为模数，可采用 100mm、120mm、140mm、160mm；对承受荷载较大的组合梁，其厚度可采用 180mm、200mm 或更大的板厚。

（2）板托的尺寸要求。当组合梁混凝土翼板采用压型钢板与混凝土组合板时，组合梁一般不设板托；当组合梁的混凝土翼板采用普通钢筋混凝土板时，为了提高组合梁的承载能力及节约钢材，可设置混凝土板托（图 4-29）。板托的截面尺寸应符合下列要求：

1）混凝土板托的高度 h_{c2} 应不大于混凝土翼板厚度 h_{c1} 的 1.5 倍，如图 4-29 （a）、（b） 所示。

2）混凝土板托顶面的宽度 b_t：当钢梁截面为上、下翼缘宽度相同的工字形钢梁或 H 型钢时，其 b_t 不宜小于板托高度 h_{c2} 的 1.5 倍，如图 4-29（a）所示；当钢梁截面为上窄、下宽度的单轴对称工字形钢梁或 H 型钢时，其 b_t 不宜小于钢梁上翼缘宽度 b_f 与板托高度 h_{c2} 的 1.5 倍之和，如图 4-29（b）所示。

3）为了使板托中抗剪连接件的连接性能可靠，板托边至抗剪连接件的外侧距离不得小于 40mm，如图 4-29（b）所示。

4）板托外形轮廓应在由连接件根部起的 45°线界限以外。

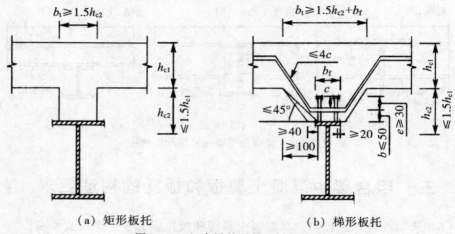

（a）矩形板托　　　　　　　（b）梯形板托

图 4-29　组合梁的混凝土板托尺寸

（3）边梁的尺寸要求。组合梁边梁的混凝土翼板构造应满足图 4-30（a）、（b）所示的构造要求。当有板托时，其外伸长度不宜小于 h_{c2}，如图 4-30（a）所示；当无板托时，应满足伸出钢梁中心线的长度不小于 150mm，且伸出钢梁的上翼缘边的长度不小于 50mm 的要求，如图 4-30（b）所示。

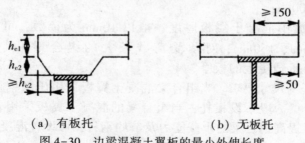

（a）有板托　　　　　　　（b）无板托

图 4-30　边梁混凝土翼板的最小外伸长度

（4）配筋的要求。

1）在连续组合梁的中间支座负弯矩区段，混凝土翼板内的上部纵向钢筋，应伸过组合梁的反弯点，且留有足够的锚固长度或弯钩。

2）连续组合梁的混凝土翼板内，其下部纵向钢筋在中间支座处应连续通过，不得中断；若钢筋长度不够，可在其他部位连接。

3）为了避免接近抗剪连接件根部处的混凝土受局部压力而产生劈裂，此处配筋需加强，且板托中横向钢筋的下部水平段与钢梁之间的距离 b 不得大于 50mm。

4）为了保证抗剪连接件的工作和抗掀起力，连接件抗掀起端底部应高出横向钢筋下部水平段的距离 e 不得小于 30mm。

5）板托内的横向钢筋间距不应大于 $4c$（c 为抗剪连接件在横向钢筋以上的外伸长度），且不得大于 400mm。

四、组合梁中抗剪连接件的构造要求

为了保证组合梁中的钢梁与混凝土翼板两者共同工作，应沿钢梁的全长每隔一定距离在钢梁的顶面设置抗剪连接件，以承受钢梁与混凝土翼板之间接触面上的纵向剪力，限制钢梁与混凝土翼板之间的滑移。组合梁中常用的抗剪连接件为圆柱头栓钉、槽钢和弯起钢筋。当组合梁的混凝土翼板采用压型钢板与混凝土组合板时，一般采用圆柱头栓钉作为组合梁的抗剪连接件。

组合梁上抗剪连接件的作用是抵抗纵向水平剪力和竖向掀起力，其设置应遵循以下基本要求。

（1）圆柱头栓钉抗剪连接件的构造要求。组合梁的圆柱头栓钉应按下列构造要求布置：

1）圆柱头栓钉的公称直径可为 8mm、10mm、13mm、16mm、19mm、22mm 等几种规格，最常用的为 16mm、19mm 及 22mm 几种。

2）圆柱头栓钉抗剪连接件的长度 h_d 应不小于 $4d$（d 为栓钉的直径），栓钉端头直径应不小于 $1.5d$，厚度应不大于 $0.4d$，如图 4-31 所示。

3）圆柱头栓钉的最小间距沿组合梁长度方向应不小于 $6d$，垂直于组合梁跨度方向应不小于 $4d$，如图 4-31 所示。

4）圆柱头栓钉的上部端头底面，至混凝土翼板底部钢筋顶面的距离 e 不宜小于 30mm；当组合梁混凝土翼板采用压型钢板与混凝土组合板时，焊后的栓钉高度应高出压型钢板波高的 30mm 以上。

5）组合梁混凝土翼板采用压型钢板与混凝土组合板时，圆柱头栓钉直径不宜大于 19mm，混凝土凸肋宽度不应小于栓钉直径的 2.5 倍；栓钉的高度 h_d 应满足下式要求

$$(h_e + 30) \leq h_d \leq (h_e + 75) \tag{4-41}$$

式中：h_e 为压型钢板的凸肋高度。

（2）槽钢抗剪连接件的构造要求。

1）槽钢连接件一般采用 Q25 钢轧制的［8、［10、［12、［12.6 等小型槽钢。

2）槽钢与钢梁的连接一般采用沿槽钢长度方向的角焊缝焊接连接。

3）槽钢连接件的上翼缘内侧应高出混凝土板下部纵向钢筋顶面 30mm以上，如图 4-32 所示。

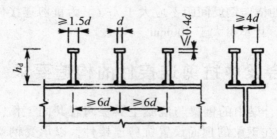

图 4-31　组合梁圆柱头栓钉连接件的布置要求

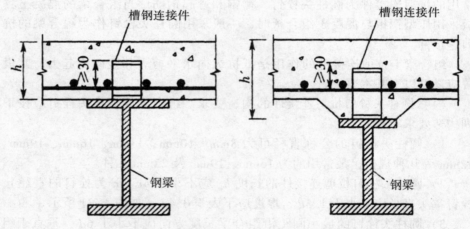

（a）组合梁无板托截面　　　　（b）组合梁有板托截面

图 4-32　组合梁槽钢连接件的布置要求

（3）弯起钢筋抗剪连接件的构造要求。

1）弯起钢筋抗剪连接件应成对布置，直径 d 应不小于 12mm，应采用直径一般为 12～22mm 的 HRB335 级钢筋。

2）弯起钢筋抗剪连接件沿组合梁长度方向的间距应不小于混凝土翼板厚度 h_c（包括混凝土板托厚度 h_{c2}）的 0.7 倍，且不大于混凝土翼板厚度 h_c（包括混凝土板托厚度 h_{c2}）的 2.0 倍及 400mm，如图 4-33（a）、（b）

所示。

3）弯起钢筋抗剪连接件的弯起角一般为 45°，且弯折方向应与混凝土翼板中纵向水平的方向一致，如图 4-33（a）所示。

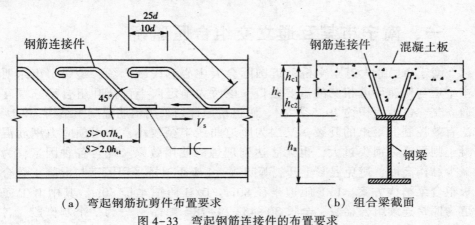

（a）弯起钢筋抗剪件布置要求　　　　（b）组合梁截面

图 4-33　弯起钢筋连接件的布置要求

（4）组合梁端部的锚固件。

1）对于组合梁的端部，应在钢梁的顶部焊接端部锚固件，以抵抗组合梁的梁端掀起力以及因混凝土干缩所引起的应力。

2）组合梁端部固件一般采用在工字钢上加焊水平锚筋，如图 4-34 所示。

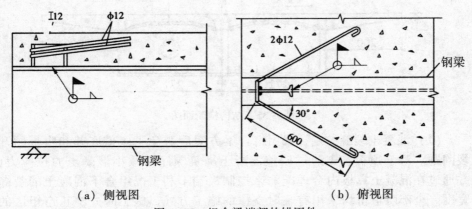

（a）侧视图　　　　　　　　（b）俯视图

图 4-34　组合梁端部的锚固件

3）对于跨度较小、荷载较轻的组合梁，可通过在组合梁端部设置抗剪连接件来兼顾端部的锚固件。

4）组合梁端部固件（工字钢）上的锚筋，其直径与数量应通过计算来确定。

第六节　组合梁工程应用实例

一、南宁市某互通立交组合匝道桥

南宁市民族大道立交桥邻近国际会展中心和民歌广场，是南宁市东西主干道与快速环道相交的重要路口。该桥为半定向半苜蓿叶组合型三层互通立交，占地面积约20.5万 m^2。匝道桥原计划采用钢筋混凝土结构，但无法有效控制混凝土的开裂，又因为匝道曲线半径较小，采用预应力钢筋混凝土则预应力损失过大，也无法达到理想的使用效果。综合各种因素，为减少结构高度、避免混凝土开裂等问题，4座匝道桥采用了钢与混凝土叠合板组合梁结构方案。B/F匝道半径80m，D/H匝道半径50m。其中B/F匝道为四跨连续组合梁桥，全长30+45+28+28＝131m，分为7个制作段，各制作段长度14.1～21.2m，钢梁高度0.9～1.2m，混凝土板厚0.4m，结构全高1.3～1.6m，主跨跨高比28.1。钢梁的横断面为单箱双室开口箱梁，宽度为5.45m，如图4-35所示。该桥在设计过程中重点解决了以下两个问题：

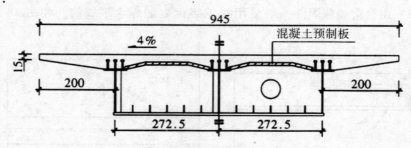

图4-35　结构横断面图

（1）混凝土裂缝控制。采用组合梁方案后避免了匝道底部和腹板的开裂问题。对于顶板，则通过调整混凝土浇筑顺序来减小混凝土的拉应力，并通过在混凝土翼板内合理配筋来控制极端不利工况组合下混凝土的裂缝宽度。全部匝道桥均采用有临时支撑的施工方式，施工时先浇正弯矩区的混凝土，后浇支座区的混凝土。对于B/F匝道，由于跨度较大，为进一步控制支座负弯矩区混凝土翼板的开裂，在板内沿桥梁切线方向布置了多道预应力短束。

（2）调整支座位置减小扭矩和支座负反力。匝道均采用板式橡胶支座和盆式橡胶支座，沿桥梁的切线方向布置，使组合梁能够沿切向滑动而在径向受到约束。为减小或消除扭矩和支座的负反力，避免使用拉力支座，设计时对各墩的支承均给予一定的横向预偏心。相对于钢筋混凝土结构的曲线桥梁，组合梁自重较轻，活载引起的扭矩或支座负反力也相对较大。经过多次计算，B/F 匝道的支座预偏心取为 200mm，D/H 匝道的支座预偏心取为 400mm。根据计算结果，在各种荷载组合下，各支座均没有产生上拔力，从而大大简化了支座的处理。

二、北京市某跨河桥改造

　　北京市西北旺桥是跨越京密饮水渠上的一座跨河公路桥。原桥为三跨钢筋混凝土简支 T 梁结构，全长 14.1×3＝42.3（m）。由于该桥的结构状况及承载等级均已不满足当前的使用要求，需要进行全面的改造。如果仅仅对原有桥面结构进行加固，不能满足荷载提级的要求。采用加大断面法进行加固改造，则会导致上部结构自重显著增加，对下部结构的使用不利。在对多种方案进行比较的基础上，采用了将原 T 梁桥面系替换为钢与混凝土组合桥面的改造方案。改造后的组合桥面使用的是 HM600×300 热轧 H 型钢，混凝土桥面板厚度为 200mm，结构横断面如图 4-36 所示。对于此类的中、小跨径桥梁采用宽翼缘 H 型钢，便于机械加工和安装，降低结构的综合造价。

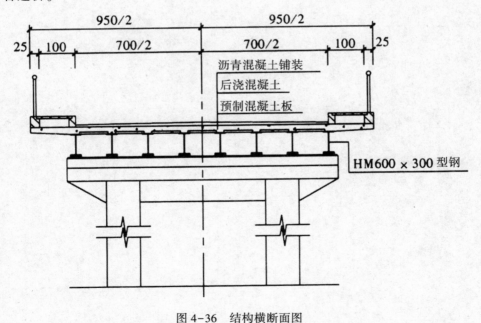

图 4-36　结构横断面图

　　经过改造后，该桥上部结构高度由 1.1m 降低为 0.8m，行车道两侧各增加了 1.0m 宽的人行道，而结构自重基本未变。采用组合梁对该桥进行加固改造，充分利用了原下部结构，并且替换部分具有自重轻、结构性能可靠、节省模板、减少临时支撑、施工周期短、造价低等优点。

第五章　型钢混凝土组合结构设计

本章在阐述型钢混凝土组合结构的基本概念、黏结性能、特点的基础上，主要围绕型钢混凝土梁设计、型钢混凝土柱设计、型钢混凝土剪力墙设计、型钢混凝土组合结构的构造要求展开讨论，最后就型钢混凝土组合结构在工程实践中的应用进行了分析。

第一节　型钢混凝土组合结构的概念

一、概述

型钢混凝土是指在混凝土中配置型钢（轧制或焊接成形）、纵向钢筋和箍筋形成的一种新型加筋混凝土，在日本称之为钢骨混凝土，而在英、美等西方国家称之为混凝土包钢结构。在构件层次，型钢混凝土可以设计成型钢混凝土梁、柱、墙，典型截面分别如图 5-1 至图 5-3 所示。以型钢混凝土构件为主形成的结构，称为型钢混凝土结构，如型钢混凝土框架、框-墙、芯筒-框架、框筒、筒中筒、芯筒-翼柱等。图 5-4 为型钢混凝土框架结构示意图。

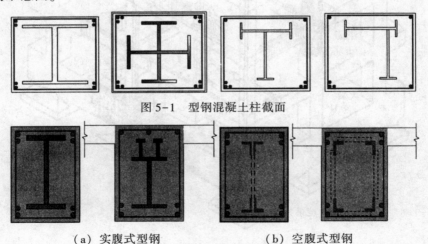

图 5-1　型钢混凝土柱截面

（a）实腹式型钢　　　　　　（b）空腹式型钢
图 5-2　型钢混凝土梁截面

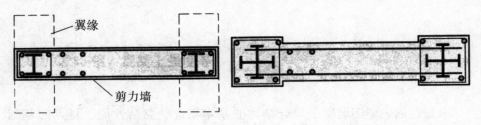

（a）无边框　　　　　　　　　（b）有边框

图 5-3　型钢混凝土剪力墙截面

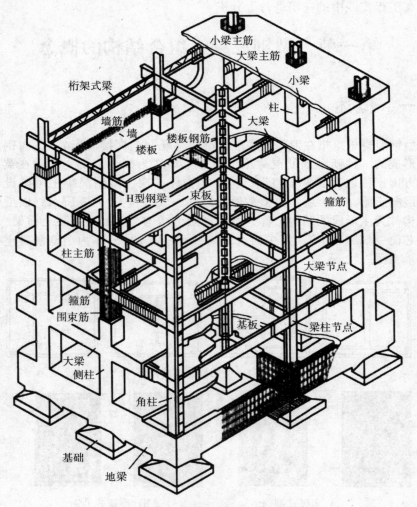

图 5-4　型钢混凝土框架结构示意图

二、型钢混凝土结构的黏结性能

（一）型钢与混凝土之间的共同工作

在型钢混凝土结构中，型钢与混凝土之间的黏结作用是二者能够保持共同工作的基础。对于型钢外围没有配置箍筋、仅包裹素混凝土的轴心受压构件，在较小的压力作用下，混凝土发生横向变形，型钢与混凝土之间的黏结力易被破坏，二者的共同作用降低。最后混凝土被压碎，型钢翼缘失稳，构件达到极限承载力。因此，为保证型钢与混凝土之间能够实现完全的组合作用，必须在型钢外围的混凝土中配置必要的箍筋，以约束核心混凝土，使型钢不发生屈曲变形。一般而言，轴心压力作用下，混凝土的极限压应变 $\varepsilon_c = 0.002$，而型钢的屈服应变（近似按 Q345 级钢考虑）$\varepsilon_{ss} = f_{ssy}/E_{ss} \approx 310/(2.06 \times 10^5) = 0.0015$，$\varepsilon_c > \varepsilon_{ss}$ 说明混凝土达到极限压应变之前，型钢可以达到屈服应变。型钢屈服之后，截面发生应力重分布现象，增加的压力则主要由钢筋混凝土部分承担，直至达到极限承载力。

对于型钢混凝土受弯构件和偏心受压构件，当达到正截面承载能力极限状态时，可能发生沿型钢翼缘外侧与混凝土接触面的黏结破坏，因此必要时可设置栓钉等抗剪连接件，以增强型钢与混凝土之间的黏结作用。对于较大剪力及反复荷载作用下的型钢混凝土构件，容易出现沿型钢翼缘外表面与混凝土交界面的通长黏结裂缝，在计算时应予以考虑。

（二）型钢与混凝土之间的黏结作用机理

国内外已有的试验研究表明，型钢与混凝土之间的黏结机理和光圆钢筋与混凝土之间的黏结机理相类似，二者之间的黏结力主要由三部分组成，即混凝土中水泥凝胶体与型钢表面的化学胶结力、型钢与混凝土接触面上的摩擦阻力和型钢粗糙不平的表面提供的机械咬合力。化学胶结力主要存在于型钢与混凝土发生相对滑移之前，当连接面上发生相对滑移之后，水泥晶体被剪断或挤碎，化学胶结力大大降低，对于型钢而言，化学胶结力在总黏结力中所占的比重远远大于在光圆钢筋中的比重。当化学胶结力丧失后，黏结力就主要依靠摩擦阻力和机械咬合力来维持，摩擦阻力主要取决于型钢与混凝土界面上的正应力和摩擦系数，其大小与型钢混凝土构件的受力情况和所受的横向约束（混凝土凝固时的内收缩、构件保护层厚度和横向配箍率等）及型钢的表面特性有关。机械咬合力主要取决于型钢表面与混凝土的咬合程度，但其极限值受到混凝土强度的限制。总体而言，型钢与混凝土之间的黏结强度很小，欧洲规范 EC4 允许在一定的锚固长度内，自然黏结力取为 0.5MPa，日本规范规定黏结强度的取值为 $0.02f_c$（其中 f_c 为混凝土的圆柱体抗压强度）且不大于 0.45MPa。

（三）影响型钢混凝土黏结强度的主要因素

影响型钢混凝土黏结强度的主要因素有以下几点：

（1）混凝土的强度等级。一般来说，混凝土的强度等级越高，黏结强度越大。这是因为型钢与混凝土之间的黏结强度主要取决于二者交界面上的化学胶结力。较高强度的混凝土其化学胶结力和抗拉强度都较大，抗裂能力较强，不易出现黏结裂缝和纵向的劈裂破坏。

（2）混凝土保护层厚度。当混凝土保护层厚度较小时，黏结裂缝容易扩展到构件表面，形成通长的劈裂裂缝而使黏结强度降低。当混凝土保护层厚度增大到一定程度后，就不会再发生黏结破坏，黏结强度也不再随混凝土保护层厚度的增加而增大。

（3）横向钢筋的配筋率。在型钢与混凝土发生相对滑移之前，型钢与混凝土之间的黏结力主要由化学胶结力提供，而横向钢筋对提高化学胶结力并无多大作用，因此对于初始黏结强度和极限黏结强度影响不大。但是在型钢与混凝土发生相对滑移之后，由于横向钢筋对混凝土的约束，提高了混凝土与型钢之间的摩阻力和机械咬合力，从而提高了残余黏结强度。配置足够多的箍筋，对于阻止型钢外围混凝土的劈裂破坏和混凝土保护层的鼓出是有利的。

（4）型钢的配钢率。试验研究表明，当型钢的配钢率较大（即型钢截面尺寸较大）时，型钢周围握裹型钢的混凝土较少，相对而言型钢的混凝土保护层厚度减小。因此，随着配钢率的增大，黏结强度降低。但是对于型钢配钢率不太大的构件，因为有足够的混凝土握裹型钢，混凝土保护层厚度一般足够，因此配钢率对黏结强度的影响不明显。

三、型钢混凝土结构的特点

以型钢和钢筋混凝土组成的型钢混凝土组合结构，对钢结构来说，钢筋混凝土为新的组合部分，对钢筋混凝土来说，型钢是新的组成部分。相对于钢结构和钢筋混凝土结构，型钢与混凝土组成的结构性能，既有量的改变也有质的改变，既发挥了两种结构各自的优点，又克服了各自的缺点。

型钢混凝土与钢筋混凝土相比有如下优点：

（1）承载能力高，截面尺寸小。钢筋混凝土柱受到配筋率限值的制约，通常要靠增大混凝土截面尺寸来提高承载能力；而型钢混凝土柱可利用型钢芯柱参与轴向承压，承载力相同时，截面面积可减少一半。

（2）施工性能好。型钢可作为施工骨架，承担部分施工荷载，减少脚手架和施工支撑，能显著加速施工速度。

（3）型钢混凝土结构有二次受力特点。浇筑混凝土以前，型钢可以悬挂模板，并承受自重、所浇筑混凝土重量和部分施工荷载。混凝土结硬达到设计强度后，与型钢、钢筋形成整体共同受力。

（4）耐火性能好。型钢外包裹的混凝土作为型钢的防火保护层，可以取代型钢外涂的防火涂料。

型钢混凝土与钢筋混凝土结构相比有如下缺点：

（1）在构建中，型钢与钢筋并存，使结构构造复杂，节点布筋困难，浇注混凝土不便。

（2）型钢混凝土结构比钢筋混凝土结构用钢量要多一些，一般平均用钢量约为 $120kg/m^2$（型钢一般约占总用钢量的 40%），同时型钢的造价要比钢筋高，增加建筑成本。

型钢混凝土与钢结构相比有如下优点：

（1）节约钢材。采用型钢混凝土结构的高层建筑，约比全钢结构节省钢材 1/3 左右。混凝土兼有参与构建受力与保护的功能，经济性较好。

（2）结构刚度大，外力作用下变形小，在风荷载和地震作用下，结构的水平位移容易满足规范要求。

（3）混凝土有利于提高型钢的整体稳定性，钢板的局部屈曲、杆件弯曲失稳及梁的侧向失稳不易发生。

（4）使用钢材规格较小，钢板厚度较薄，比较符合目前我国钢材轧制的实际情况。

型钢混凝土与钢结构相比有如下缺点：

（1）施工较复杂，工期长，设计稍繁。

（2）自重比钢结构要大，基础费用要多。

第二节　型钢混凝土梁设计

一、型钢混凝土梁正截面受弯承载力分析

（一）试验研究

通过对实腹式型钢混凝土梁进行两点集中对称加载（图5-5），得到荷载-跨中挠度关系曲线，如图5-6所示。由图5-6可知，在加荷初期（OA段），梁处于弹性阶段，荷载与挠度基本呈线性关系。当荷载达到极限荷载的15%～20%时，纯弯段的受拉区边缘混凝土开始出现裂缝。随着荷载的增加，纯弯段和弯剪段相继出现新的竖向裂缝，而原有裂缝不断开展，但当裂缝发展到型钢下翼缘附近后，不再随荷载的增加而继续发展，出现了"停滞"现象。这主要是因为型钢刚度较大，裂缝的发展受到型钢翼缘的阻止，同时型钢的翼缘和腹板对混凝土，尤其是核心混凝土的受拉变形有更大范围的约束。因此，虽然构件已经开裂，但此时荷载-挠度曲线并无明显的转折点（AB段）。当荷载增加到极限荷载的50%左右时，裂缝基本出齐。荷载继续增大，剪跨段的竖向裂缝逐渐指向加载点变为斜裂缝，剪跨比越小，这种现象越明显。当荷载加大到一定程度时，型钢受拉翼缘开始屈服，随后型钢腹板沿高度方向也逐渐屈服，此时，梁的刚度降低较大，裂缝和变形迅速发展（CD段）。

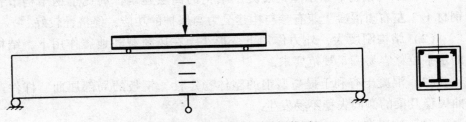

图5-5　型钢混凝土梁加载图

当荷载达到极限荷载的80%左右时，对于具有抗剪连接件的梁，在型钢上翼缘与混凝土交界面上没有出现明显的纵向裂缝，型钢与混凝土变形协调，没有产生相对滑移，平截面假定符合良好；对于未设置抗剪连接件的梁，型钢上翼缘与混凝土交界面上的黏结力遭到破坏，产生明显的纵向裂缝，且随着荷载进一步增加，内力重分布，黏结裂缝贯通，保护层混凝土被压碎脱落，承载力开始下降。此时型钢上翼缘与混凝土之间产生了较

大的相对滑移，型钢与混凝土已不能共同工作，平截面假定不成立。与钢筋混凝土梁相比，未设置抗剪连接件且受压区混凝土保护层厚度较薄的型钢混凝土梁的混凝土劈裂比较突出，导致梁的承载力在达到最大后下降较快，但由于型钢的存在及其对核心混凝土的约束作用，构件仍具有一定的承载力（DE 段），不会立即崩溃。

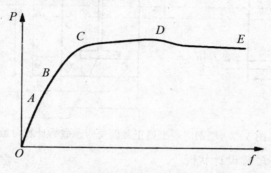

图 5-6　荷载-跨中挠度关系曲线

（二）型钢混凝土梁正截面受弯承载力计算

1. 《组合结构设计规范》（JGJ 138—2016）建议的方法

（1）型钢混凝土梁正截面承载力计算应按下列基本假定进行：

1）截面应变保持平面。

2）不考虑混凝土的抗拉强度。

3）受压边缘混凝土极限压应变 ε_{cu} 取 0.003，相应的最大压应力取混凝土轴心抗压强度设计值 f_c 乘以受压区混凝土压应力影响系数 α_1，当混凝土强度等级不超过 C50 时，α_1 取为 1.0；当混凝土强度等级为 C80 时，α_1 取为 0.94，其间按线性内插法确定；受压区应力图简化为等效的矩形应力图，其高度取按平截面假定所确定的中和轴高度乘以受压区混凝土应力图形影响系数 β_1，当混凝土强度等级不超过 C50 时，α_1 取为 0.8；当混凝土强度等级为 C80 时，α_1 取为 0.74，其间按线性内插法确定。

4）型钢腹板的应力图形为拉压梯形应力图形，计算时简化为等效矩形应力图形。

5）钢筋、型钢的应力等于钢筋、型钢应变与其弹性模量的乘积，其绝对值不应大于其相应的强度设计值；纵向受拉钢筋和型钢受拉翼缘的极限拉应变取 0.01。

（2）型钢截面为充满型实腹式型钢混凝土梁，其正截面受弯承载力应按下列公式计算（计算简图如图 5-7 所示）：

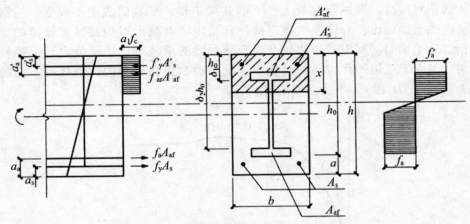

图 5-7　型钢混凝土梁正截面受弯承载力计算参数

对于持久、短暂设计状况

$$M \leqslant \alpha_1 f_c bx\left(h_0 - \frac{x}{2}\right) + f'_y A'_s (h_0 - a'_s) + f'_a A'_{af}(h_0 - a'_a) + M_{aw}$$

$$(5-1)$$

$$\alpha_1 f_c bx + f'_y A'_s + f'_a A'_{af} - f_y A_s - f_a A_{af} + N_{aw} = 0 \qquad (5-2)$$

对于地震设计状况

$$M \leqslant \frac{1}{\gamma_{RE}}\left[\alpha_1 f_c bx\left(h_0 - \frac{x}{2}\right) + f'_y A'_s (h_0 - a'_s) + f'_a A'_{af}(h_0 - a'_a) + M_{aw}\right]$$

$$(5-3)$$

$$\alpha_1 f_c bx + f'_y A'_s + f'_a A'_{af} - f_y A_s - f_a A_{af} + N_{aw} = 0 \qquad (5-4)$$

$$h_0 = h - a \qquad (5-5)$$

当 $\delta_1 h_0 < 1.25x$，$\delta_2 h_0 > 1.25x$ 时

$$M_{aw} = \left[0.5(\delta_1^2 + \delta_2^2) - (\delta_1 + \delta_2) + 2.5\frac{x}{h_0} - \left(1.25\frac{x}{h_0}\right)^2\right]t_w h_0^2 f_a$$

$$(5-6)$$

$$N_{aw} = \left[2.5\frac{x}{h_0} - (\delta_1 + \delta_2)\right]t_w h_0 f_a \qquad (5-7)$$

混凝土受压区高度 x 应符合下列公式要求

$$x \leqslant \xi_b h_0 \qquad (5-8)$$

$$x \geqslant a'_a + t'_f \qquad (5-9)$$

$$\xi_b = \frac{\beta_1}{1 + \dfrac{f_y + f_a}{2 \times 0.003 E_s}} \qquad (5-10)$$

式中：M 为弯矩设计值；M_{aw} 为型钢腹板承受的轴向合力对型钢受拉翼缘和纵向受拉钢筋合力点的力矩；N_{aw} 为型钢腹板承受的轴向合力；α_1 为受压区混凝土压应力影响系数；β_1 为受压区混凝土应力图形影响系数；f_c 为混凝土轴心抗压强度设计值；f_a、f'_a 分别为型钢抗拉、抗压强度设计值；f_y、f'_y 分别为钢筋抗拉、抗压强度设计值；A_s、A'_s 分别为钢筋受拉、受压的截面面积；A_{af}、A'_{af} 分别为型钢受拉、受压翼缘的截面面积；b 为毛截面宽度；h 为截面高度；h_0 为截面有效高度；t_w 为型钢腹板厚度；t_f、t'_f 分别为型钢受拉、受压翼缘厚度；ξ_b 为相对界限受压区高度；E_s 为钢筋弹性模量；x 为混凝土等效受压区高度；a_s、a_a 分别为受拉区钢筋、型钢翼缘合力点至截面受拉边缘的距离；a'_s、a'_a 分别为受压区钢筋、型钢翼缘合力点至截面受压边缘的距离；a 为型钢受拉翼缘与受拉钢筋合力点至截面受拉边缘的距离；δ_1 为型钢腹板上端至截面上边距离与 h_0 的比值，$\delta_1 h_0$ 为型钢腹板上端至截面上边的距离；δ_2 为型钢腹板下端至截面上边距离与 h_0 的比值，$\delta_2 h_0$ 为型钢腹板下端至截面上边的距离。

（3）型钢混凝土梁的圆孔孔洞截面处的受弯承载力计算可按式（5-1）～（5-10）进行，计算中应扣除孔洞面积。

（4）配置桁架式钢骨架的型钢混凝土梁，其受弯承载力计算可将桁架的上、下弦型钢等效为纵向钢筋，按《混凝土结构设计规范》（GB 50010—2010）中钢筋混凝土梁的相关规定计算。

2. 《钢骨混凝土结构技术规程》（YB 9082—2006）建议的方法

（1）对称配置实腹式型钢混凝土，其正截面受弯承载力取梁中型钢部分的受弯承载力与钢筋混凝土部分的受弯承载力之和，即满足下列要求

$$M \leq M_{by}^{ss} + M_{bu}^{rc} \tag{5-11}$$

式中：M 为弯矩设计值；M_{by}^{ss} 为梁中型钢部分的受弯承载力；M_{bu}^{rc} 为梁中钢筋混凝土部分的受弯承载力。

（2）型钢混凝土梁中型钢部分的受弯承载力，当无地震作用时，按下式计算

$$M_{by}^{ss} = \gamma_s W_{ss} f_{ssy} \tag{5-12}$$

当有地震作用时，按下式计算

$$M_{by}^{ss} = \frac{1}{\gamma_{RE}} [W_{ss} f_{ssy}] \tag{5-13}$$

式中：W_{ss} 为型钢截面的抵抗矩，当型钢截面有孔洞时应取净截面的抵抗矩；γ_s 为截面塑性发展系数，对工字形型钢截面，$\gamma_s = 1.05$；f_{ssy} 为型钢的抗拉、压、弯强度设计值；γ_{RE} 为抗震承载力调整系数，取 0.8。

（3）型钢混凝土梁中钢筋混凝土部分的受弯承载力，当无地震作用时，

按下式计算

$$M_{bu}^{rc} = A_s f_{sy} \gamma h_{b0} \tag{5-14}$$

当有地震作用时，按下式计算

$$M_{bu}^{rc} = \frac{1}{\gamma_{RE}} [A_s f_{sy} \gamma h_{b0}] \tag{5-15}$$

式中：A_s 为受拉钢筋面积；f_{sy} 为受拉钢筋抗拉强度设计值；γh_{b0} 为受拉钢筋面积形心到受压区（混凝土和受压钢筋）压力合力点的距离，按《混凝土结构设计规范》（GB 50010—2010）中受弯构件的相关公式计算，计算时，受压区混凝土宜扣除型钢的面积；h_{b0} 为钢筋混凝土部分截面的有效高度，即受拉钢筋面积形心到截面受压边缘的距离，取 $h_{b0} = h_b - a_s$，h_b 和 a_s 分别为梁截面高度和受拉钢筋合力点至截面受拉边缘的距离。

对于型钢混凝土梁，由于钢筋的配置一般较少，所以钢筋混凝土部分的受拉钢筋通常都能达到屈服。

在用式（5-11）进行设计时，需先假定型钢截面，并按式（5-12）或式（5-13）计算型钢部分的受弯承载力 M_{by}^{ss}，然后取 $M - M_{by}^{ss}$ 作为钢筋混凝土部分的弯矩设计值，按钢筋混凝土受弯承载力的计算方法确定钢筋面积。

（4）型钢混凝土梁开圆形孔洞时，孔洞截面处的正截面受弯承载力的计算与普通型钢混凝土梁相同，但计算中应扣除孔洞截面面积。

（5）桁架式型钢混凝土梁的上、下弦型钢可作为纵向钢筋，按《混凝土结构设计规范》（GB 50010—2010）的有关规定计算其受弯承载力。

3. AISC360—05 建议的方法

$$M \leq \varphi_b M_n \tag{5-16}$$

式中：φ_b 为受弯构件的抗力系数，取值与 M_n 所采用的计算方法有关；M_n 为名义受弯承载力，可采用下列方法之一进行计算：

（1）按照组合截面弹性应力的叠加进行计算，即钢筋混凝土部分的截面边缘最大应力达到混凝土的弹性极限时承担的弯矩和型钢部分的截面边缘最大应力达到型钢的弹性极限时所承担的弯矩相加，此时 $\varphi_b = 0.9$。

（2）按照型钢截面的塑性应力分布，根据内力平衡进行计算（图 5-8），此时，$\varphi_b = 0.9$。

$$M_n = F_y W_{pa} \tag{5-17}$$

式中：F_y 为型钢的屈服应力；W_{pa} 为型钢截面的塑性截面模量，取 $W_{pa} = \frac{1}{4} [b_f (h_w + 2t_f)^2 - (b_f - t_w) h_f^2]$；$b_f$、$t_f$ 分别为型钢翼缘的宽度和厚度；b_w、t_w 分别为型钢腹板的宽度和厚度。

（3）当设置抗剪连接件时，按照组合截面的塑性应力分布，根据内力平衡进行计算，此时，$\varphi_b = 0.85$。这里以图 5-9 所示的截面应力分布为例说明计算方法。

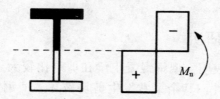

图 5-8　型钢截面的塑性

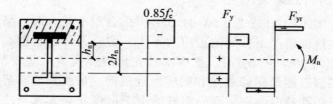

图 5-9　组合截面的塑性应力分布应力应变

$$M_n = M_m - M_0 \tag{5-18}$$

$$M_m = W_{pa}F_y + W_{ps}F_{yr} + 0.5W_{pc}(0.85f'_c) \tag{5-19}$$

$$M_0 = t_w h_n^2 F_y + (b - t_w)h_n^2(0.85f'_c) \tag{5-20}$$

$$h_n = N_0/(0.85f'_c b + 2F_y t_w) \tag{5-21}$$

$$N_0 = 0.5bh(0.85f'_c) \tag{5-22}$$

式中：M_m 为截面中和轴通过形心时所承担的弯矩（截面应力分布如图 5-10 所示）；M_0 为 M_n 与 M_m 之差；W_{pa}、W_{ps}、W_{pc} 分别为型钢、纵向钢筋和混凝土的塑性截面模量；F_y 为型钢的屈服应力；F_{yr} 为纵向钢筋的屈服应力；f'_c 为混凝土的抗压强度；b 为截面宽度；t_w 为型钢腹板的厚度；N_0 为截面中和轴通过形心时所承担的轴向力。

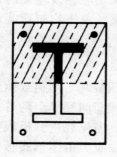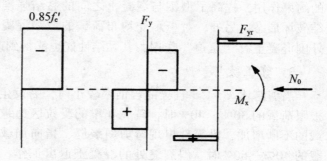

图 5-10　组合截面的塑性应力分布

二、型钢混凝土梁斜截面受剪承载力分析

（一）试验研究

根据试验结果表明，型钢混凝土梁在剪跨比较大（$\lambda > 2.5$）时易发生弯曲破坏，除此之外，其余梁常发生剪切破坏。型钢混凝土梁的剪切破坏形态主要包括三类，即剪切斜压破坏、剪切黏结破坏和剪压破坏。

1. 剪切斜压破坏

当剪跨比 $\lambda < 1.0$ 或 $1.0 < \lambda < 1.5$ 且梁的含钢率较大时，易发生剪切斜压破坏。在这种情况下，梁的正应力不大，剪应力却相对较高，当荷载达到极限荷载的 30%～50% 时，梁腹部首先出现斜裂缝；随着荷载的增加，腹部受剪斜裂缝逐渐向加载点和支座附近延伸，最终形成临界斜裂缝。当荷载接近极限荷载时，在临界斜裂缝的上下出现几条大致与之平行的斜裂缝，将梁分割成若干斜压杆，此时沿梁高连续配置的型钢腹板承担着斜裂缝面上混凝土释放出来的应力。最后，型钢腹板发生屈服，接着斜压杆混凝土被压碎，梁宣告破坏。梁的剪切斜压破坏形态如图 5-11（a）所示。

2. 剪切黏结破坏

当剪跨比不太小而梁所配置的箍筋数量较少时，易发生剪切黏结破坏。加载初期，由于所产生的剪力较小，型钢与混凝土可作为整体共同工作。随着荷载的增加，型钢与混凝土交界面上的黏结力逐渐被破坏。当型钢外围混凝土达到其抗拉强度而退出工作时，交界面处产生劈裂裂缝，梁内发生应力重分布。最后，裂缝迅速发展，形成贯通的劈裂裂缝，梁失去承载力，宣告破坏。梁的剪切黏结破坏形态如图 5-11（b）所示。

对于配有适量箍筋的型钢混凝土梁，由于箍筋对外围混凝土具有一定的约束作用，提高了型钢与混凝土之间的黏结强度，从而能够改善梁的黏结破坏形态。另外，对于承受均布荷载的型钢混凝土梁，由于均布荷载对外围混凝土有"压迫"作用，其黏结性能也能得到改善。

3. 剪压破坏

当剪跨比 $\lambda > 1.5$ 且梁的含钢率较小时，易发生剪压破坏。当荷载达到极限荷载的 30%～40% 时，首先在梁的受拉区边缘出现竖向裂缝。随着荷载的不断增加，梁腹部出现弯剪斜裂缝，指向加载点。当荷载达到极限荷载的 40%～60% 时，斜裂缝处的混凝土退出工作，主拉应力由型钢腹板承担。荷载继续增大，使型钢腹板逐渐发生剪切屈服。最后，在正应力和剪

应力的共同作用下，剪压区混凝土达到弯剪复合受力时的强度而被压碎，构件破坏。梁的剪压破坏形态如图5-11（c）所示。

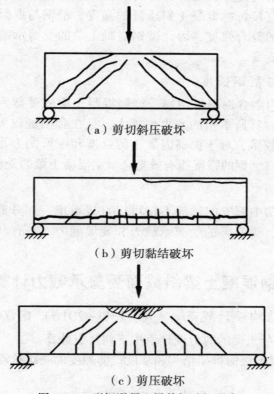

（a）剪切斜压破坏

（b）剪切黏结破坏

（c）剪压破坏

图5-11　型钢混凝土梁剪切破坏形态

（二）影响型钢混凝土梁斜截面受剪承载力的主要因素

1. 剪跨比

剪跨比 $\lambda = M/(Vh_0)$ 的变化实际反映了梁的弯剪作用相关关系，对梁的破坏形态有重要影响。试验结果显示，随着剪跨比的增大，型钢混凝土梁的受剪承载力逐渐降低。剪跨比对集中荷载作用下梁的受剪承载力影响更为显著。

2. 加载方式

试验研究表明，集中荷载作用下型钢混凝土梁的受剪承载力比均布荷载作用下有所降低。

3. 混凝土强度等级

型钢混凝土梁的受剪承载力主要由混凝土、型钢和箍筋三者提供。混凝土的强度等级直接影响混凝土斜压杆的强度、型钢与混凝土的黏结强度和剪压区混凝土的复合强度，因此型钢混凝土梁的受剪承载力随混凝土强度等级的提高而提高。

4. 含钢率与型钢强度

在一定范围内随含钢率的增加，型钢混凝土梁的受剪承载力提高。型钢的含钢率越大，其所承担的剪力也越大，且在含钢量较大的梁中，被型钢约束的混凝土较多，对于提高混凝土的强度和变形能力是有利的。在含钢率相同时，提高型钢的强度能有效提高型钢混凝土梁的受剪承载力。

5. 配箍率

型钢混凝土梁中配置的箍筋不仅可以直接承担一部分剪力，而且能够约束核心混凝土，提高梁的受剪承载力和变形能力，并有利于防止梁发生黏结破坏。

（三）型钢混凝土梁斜截面受剪承载力计算

1. 《组合结构设计规范》（JGJ 138—2016）建议的方法

（1）型钢混凝土梁的剪力设计值按下列规定计算：

1）一级抗震等级的框架结构和 9 度设防烈度的一级抗震等级框架

$$V_{\mathrm{b}} = 1.1 \frac{M_{\mathrm{bua}}^{\mathrm{l}} + M_{\mathrm{bua}}^{\mathrm{r}}}{l_{\mathrm{n}}} + V_{\mathrm{Gb}} \qquad (5\text{-}23)$$

2）其他情况：

一级抗震等级

$$V_{\mathrm{b}} = 1.3 \frac{M_{\mathrm{b}}^{\mathrm{l}} + M_{\mathrm{b}}^{\mathrm{r}}}{l_{\mathrm{n}}} + V_{\mathrm{Gb}} \qquad (5\text{-}24)$$

二级抗震等级

$$V_{\mathrm{b}} = 1.2 \frac{M_{\mathrm{b}}^{\mathrm{l}} + M_{\mathrm{b}}^{\mathrm{r}}}{l_{\mathrm{n}}} + V_{\mathrm{Gb}} \qquad (5\text{-}25)$$

三级抗震等级

$$V_{\mathrm{b}} = 1.1 \frac{M_{\mathrm{b}}^{\mathrm{l}} + M_{\mathrm{b}}^{\mathrm{r}}}{l_{\mathrm{n}}} + V_{\mathrm{Gb}} \qquad (5\text{-}26)$$

式中：$M_{\mathrm{bua}}^{\mathrm{l}}$、$M_{\mathrm{bua}}^{\mathrm{r}}$ 为梁左、右端顺时针或逆时针方向按实配钢筋和型钢截面面积（计入受压钢筋及梁有效翼缘宽度范围内的楼板钢筋）、材料强度标准值，且考虑承载力抗震调整系数的正截面受弯承载力所对应的弯矩值，两者之和应分别按顺时针和逆时针方向进行计算，并取其最大值，梁有效翼缘宽度取梁两侧跨度的 1/6 和翼板厚度 6 倍中的较小者；M_b^l、M_b^r 为考虑地震作用组合的梁左、右端顺时针或逆时针方向弯矩设计值，两者之和应取分别按顺时针和逆时针方向进行计算的较大值，对一级抗震等级框架，两端弯矩均为负弯矩时，绝对值较小的弯矩应取零；V_{Gb} 为考虑地震作用组合时的重力荷载代表值产生的剪力设计值，可按简支梁计算确定；l_n 为梁的净跨度。

四级抗震等级，取地震作用组合下的剪力设计值。

（2）对于充满型实腹式型钢混凝土梁，其斜截面受剪承载力应按下列公式计算：

1）一般型钢混凝土梁。

对于持久、短暂设计状况

$$V_b \leqslant 0.8f_t bh_0 + f_{yv}\frac{A_{sv}}{s}h_0 + 0.58f_a t_w h_w \qquad (5-27)$$

对于地震设计状况

$$V_b \leqslant \frac{1}{\gamma_{RE}}\left(0.5f_t bh_0 + f_{yv}\frac{A_{sv}}{s}h_0 + 0.58f_a t_w h_w\right) \qquad (5-28)$$

2）集中荷载作用下型钢混凝土梁。

对于持久、短暂设计状况

$$V_b \leqslant \frac{1.75}{\lambda + 1}f_t bh_0 + f_{yv}\frac{A_{sv}}{s}h_0 + \frac{0.58}{\lambda}f_a t_w h_w \qquad (5-29)$$

对于地震设计状况

$$V_b \leqslant \frac{1}{\gamma_{RE}}\left(\frac{1.05}{\lambda + 1}f_t bh_0 + f_{yv}\frac{A_{sv}}{s}h_0 + \frac{0.58}{\lambda}f_a t_w h_w\right) \qquad (5-30)$$

式中：V_b 为型钢混凝土梁的剪力设计值；f_{yv} 为箍筋的抗拉强度设计值；A_{sv} 为配置在同一截面内箍筋各肢的全部截面面积；s 为沿构件长度方向上箍筋的间距；λ 为计算截面剪跨比，可取 $\lambda = a/h_0$，其中，a 为计算截面至支座截面或节点边缘的距离，计算截面取集中荷载作用点处的截面，当 $\lambda < 1.5$ 时取 $\lambda = 1.5$，当 $\lambda > 3$ 时取 $\lambda = 3$；f_t 为混凝土抗拉强度设计值。

（3）为了防止型钢混凝土梁发生脆性较大的斜压破坏，型钢混凝土梁的受剪截面应符合下列条件：

对于持久、短暂设计状况

$$V_b \leqslant 0.45\beta_c f_c bh_0 \qquad (5-31)$$

$$\frac{f_a t_w h_w}{\beta_c f_c b h_0} \geqslant 0.10 \tag{5-32}$$

对于地震设计状况

$$V_b \leqslant \frac{1}{\gamma_{RE}} (0.36\beta_c f_c b h_0) \tag{5-33}$$

$$\frac{f_a t_w h_w}{\beta_c f_c b h_0} \geqslant 0.10 \tag{5-34}$$

式中：f_c 为混凝土的轴心抗压强度设计值；f_a 为型钢的抗拉强度设计值；b、h_0 为型钢混凝土梁的截面宽度和有效高度；t_w、h_w 为型钢腹板的厚度和高度；β_c 为混凝土强度影响系数，当混凝土强度等级不超过 C50 时取 $\beta_c = 1$，当混凝土强度等级为 C80 时取 $\beta_c = 0.8$，其间按线性内插法确定。

（4）型钢混凝土梁圆孔孔洞截面处的受剪承载力应符合下列规定：

对于持久、短暂设计状况

$$V_b \leqslant 0.8 f_t b h_0 \left(1 - 1.6\frac{D_h}{h}\right) + 0.58 f_a t_w (h_w - D_h)\gamma + \sum f_{yv} A_{sv} \tag{5-35}$$

对于地震设计状况

$$V_b \leqslant \frac{1}{\gamma_{RE}} \left[0.6 f_t b h_0 \left(1 - 1.6\frac{D_h}{h}\right) + 0.58 f_a t_w (h_w - D_h)\gamma + 0.8\sum f_{yv} A_{sv} \right]$$
$$\tag{5-36}$$

式中：γ 为孔边条件系数，孔边设置钢套管时取 1.0，孔边不设钢套管时取 0.85；D_h 为圆孔孔洞直径；$\sum f_{yv} A_{sv}$ 为加强箍筋的受剪承载力。

（5）配置桁架式钢骨架的型钢混凝土梁，其受剪承载力计算可将桁架的斜腹杆按其承载力的竖向分力等效为抗剪箍筋，按《混凝土结构设计规范》（GB 50010—2010）中钢筋混凝土梁的相关规定计算。

2. 《钢骨混凝土结构技术规程》（YB 9082—2006）建议的方法

（1）型钢混凝土梁的剪力设计值按下列方法计算：

1）一级、二级、三级抗震等级的梁端加密区

$$V_b = \eta_{vb}\frac{M_b^l + M_b^r}{l_n} + V_{Gb} \tag{5-37}$$

2）特一级抗震等级、9 度设防烈度及一级抗震等级框架结构的梁端加密区

$$V_b = 1.1\frac{M_{bua}^l + M_{bua}^r}{l_n} + V_{Gb} \tag{5-38}$$

式中：η_{vb} 为梁剪力增大系数，对一级、二级、三级抗震等级分别取 1.3、

1.2、1.1；M_b^l、M_b^r 为考虑地震作用组合的梁左、右端弯矩设计值，应按顺时针或逆时针两个方向分别代入式（5-37）计算，取其较大值；M_{bua}^l、M_{bua}^r 为梁左、右两端截面处考虑承载力抗震调整系数的受弯承载力，应按顺时针和逆时针两个方向分别代入式（5-38）计算，取其较大值，受弯承载力按式（5-11）右边计算，计算时应采用实配型钢截面和钢筋截面面积，并取型钢材料的屈服强度和钢筋及混凝土材料强度的标准值；V_{Gb} 为梁考虑地震作用组合时重力荷载代表值产生的剪力设计值，可按简支梁计算，对于9度抗震设防烈度及抗震等级为一级的结构，应考虑竖向地震作用的影响；l_n 为梁的净跨度。

3）非抗震结构、不需进行抗震验算及抗震等级为四级的抗震结构，取有关荷载组合得到的最大剪力设计值。

（2）对称配置实腹式型钢混凝土梁，其斜截面受剪承载力可取梁中型钢部分的受剪承载力与钢筋混凝土部分受剪承载力之和，即满足下列要求

$$V_b \leqslant V_{by}^{ss} + V_{bu}^{rc} \tag{5-39}$$

式中：V_b 为梁的剪力设计值；V_{by}^{ss} 为梁中型钢部分的受剪承载力；V_{bu}^{rc} 为梁中钢筋混凝土部分的受剪承载力。

（3）梁中型钢部分的受剪承载力可按下列公式计算：

无地震作用时

$$V_{by}^{ss} = t_w h_w f_{ssv} \tag{5-40}$$

有地震作用时

$$V_{by}^{ss} = \frac{1}{\gamma_{RE}}(t_w h_w f_{ssv}) \tag{5-41}$$

式中：t_w 为型钢腹板的厚度；h_w 为型钢腹板的高度，当有孔洞时，应扣除孔洞的尺寸；f_{ssv} 为型钢腹板的抗剪强度设计值。

（4）梁中钢筋混凝土部分的受剪承载力可按下列公式计算：

1）一般框架梁：

无地震作用时

$$V_{bu}^{rc} = 0.7f_t b_b h_{b0} + 1.25f_{yv}\frac{A_{sv}}{s}h_{b0} \tag{5-42}$$

有地震作用时

$$V_{bu}^{rc} = \frac{1}{\gamma_{RE}}\left(0.42f_t b_b h_{b0} + 1.25f_{yv}\frac{A_{sv}}{s}h_{b0}\right) \tag{5-43}$$

2）集中荷载作用下（包括有多种荷载，其中集中荷载对节点边缘产生的剪力值占总剪力值的75%以上的情况）的框架梁：

无地震作用时

$$V_{bu}^{rc} = \frac{1.75}{\gamma + 1} f_t b_b h_{b0} + f_{yv} \frac{A_{sv}}{s} h_{b0} \tag{5-44}$$

有地震作用时

$$V_{bu}^{rc} = \frac{1}{\gamma_{RE}} \left(\frac{1.05}{\lambda + 1} f_t b_b h_{b0} + f_{yv} \frac{A_{sv}}{s} h_{b0} \right) \tag{5-45}$$

式中：f_t 为混凝土轴心抗拉强度设计值；f_{yv} 为箍筋的抗拉强度设计值；A_{sv} 为配置在同一截面内箍筋各肢的全部截面面积；λ 为计算截面剪跨比，可取 $\lambda = a/h_{b0}$，其中 a 为集中荷载作用点至节点边缘的距离，当 $\lambda < 1.5$ 时取 $\lambda = 1.5$，当 $\lambda > 3$ 时取 $\lambda = 3$；b_b 为框架梁截面宽度；h_{b0} 为钢筋混凝土部分截面的有效高度，即受拉钢筋面积形心到截面受压边缘的距离。

V_{bu}^{rc} 还应满足下列要求

$$V_{bu}^{rc} \leqslant 0.25 \beta_c f_c b_b h_{b0} \tag{5-46}$$

式中：β_c 为混凝土强度影响系数，当混凝土强度等级不超过 C50 时取 $\beta_c = 1$，当混凝土强度等级为 C80 时取 $\beta_c = 0.8$，其间按线性内插法确定。

（5）为避免剪切斜压破坏，型钢混凝土梁的受剪截面，还应满足下列要求：

无地震作用时

$$V_b \leqslant 0.45 \beta_c f_c b_b h_{b0} \tag{5-47}$$

有地震作用时

$$V_b \leqslant \frac{1}{\gamma_{RE}} (0.45 \beta_c f_c b_b h_{b0}) \tag{5-48}$$

（6）为保证型钢混凝土梁具有一定的延性，型钢受剪截面应满足

$$f_{ssv} t_w h_w \geqslant 0.1 \beta_c f_c b_b h_{b0} \tag{5-49}$$

（7）型钢混凝土梁开圆形孔洞时，孔洞截面处的受剪承载力应满足式（5-39）的要求。其中，型钢部分的受剪承载力按下式计算

$$V_{bu}^{ss} \leqslant \gamma_h t_w (h_w - D_h) f_{ssv} \tag{5-50}$$

钢筋混凝土部分的受剪承载力按下式计算：

$$V_{bu}^{rc} \leqslant 0.7 f_t b_b h_{b0} \left(1 - 1.6 \frac{D_h}{h_b} \right) + 0.5 \sum f_{yv} A_{svi} \tag{5-51}$$

式中：γ_h 为孔边条件系数，孔边设置钢套管加强时取 1.0，孔边不设置钢套管时取 0.85；D_h 为圆孔孔洞直径；$\sum f_{yv} A_{svi}$ 为从孔中心到两侧 1/2 梁高范围内箍筋的受剪承载力。

（8）桁架式型钢混凝土梁的竖向腹杆或斜腹杆的竖向分力可作为箍筋受力，按《混凝土结构设计规范》（GB 50010—2010）的有关规定计算其

斜截面受剪承载力。

三、型钢混凝土梁正常使用性能设计

(一)　型钢混凝土梁裂缝宽度计算

1. 混凝土构件裂缝宽度的计算理论

混凝土的抗拉强度比抗压强度小得多，在不大的拉应力下混凝土就可能出现裂缝，故裂缝宽度计算是混凝土构件特有的问题。关于钢筋混凝土构件裂缝问题的研究，各国曾进行大量的试验和理论工作，提出了包含有各种不同变量的裂缝计算方法，反映在各国规范所采用的裂缝宽度计算公式中。应注意的是，尽管对于裂缝问题有了相当的研究，但是至今对于影响裂缝宽度的主要因素，以及这些因素与裂缝宽度的定量关系，并未取得比较一致的看法。钢筋混凝土裂缝计算采用黏结滑动理论、无滑动理论、一般裂缝理论三种理论。

(1) 黏结滑动理论。黏结滑动理论假定混凝土中拉应力在整个截面或有效受拉区面积上为均匀分布，拉应力不超过混凝土的抗拉强度，并认为裂缝的间距取决于钢筋与混凝土之间黏结应力的分布。裂缝出现后，由于钢筋与混凝土之间出现相对滑动而产生并促进了裂缝的继续发展，此时钢筋与混凝土之间不再保持变形协调。黏结滑动理论认为影响裂缝间距的主要因素是钢筋直径与截面配筋率的比值。

(2) 无滑动理论。无滑动理论假定钢筋与混凝土间有充分的黏结，不发生相对滑动。假设钢筋表面裂缝宽度等于零，裂缝宽度随着与钢筋距离的增大而增大。裂缝截面存在着出平面的应变，钢筋以外的保护层混凝土存在弯曲变形。影响裂缝宽度的主要因素是混凝土保护层厚度。大量的试验证实，无滑动理论揭示了影响裂缝宽度的一个重要因素是保护层厚度(钢筋到构件表面的距离)。从裂缝的机理来看，无滑动理论考虑了应变梯度的影响。采用在有裂缝的局部范围内，变形不再保持平面的假定，无疑比黏结滑动理论更为合理，但它假定钢筋处完全没有滑动，裂缝宽度为零，把保护层厚度作为唯一的影响因素，过于简单化。

(3) 一般裂缝理论。一般裂缝理论是黏结滑动理论和无滑动理论的结合。一般裂缝理论的裂缝间距公式为

$$l_m = K_1 c + K_2 d/\rho \qquad (5-52)$$

上式右边第一项代表由保护层厚度 c 所决定的最小应力传递长度，第二项代表相对滑动引起的应力传递长度的比值。

2. 型钢混凝土受弯构件裂缝宽度计算的基本假定

型钢混凝土受弯构件裂缝宽度计算采取以下基本假定：

（1）使用阶段截面应变符合平截面假定。

（2）钢筋、型钢和混凝土开裂前均在弹性范围内工作。

（3）开裂截面不考虑混凝土的受拉作用。

（4）非开裂截面受拉区混凝土应力均匀分布。

前三个假定是裂缝分析中通用的，第四个假定是为了考虑混凝土受拉时的弹塑性变形性能，实际上只在裂缝间的中间截面才近似正确。

3. 裂缝宽度计算的具体位置

实际构件中裂缝的宽度是一个随机变量，合理的方法应该是根据对量测数据进行统计分析得到的裂缝宽度频率分布，建立平均裂缝宽度与最大相对裂缝宽度的关系。

对于钢筋混凝土受弯构件裂缝计算的具体位置，美国规范（ACI 318—77）按梁底面的裂缝宽度计算；前苏联规范则是按钢筋形心处的裂缝宽度计算；欧洲混凝土协会标准 CEB—FIP 的规范按距梁底 200mm 范围的钢筋有效埋置区的最大裂缝宽度计算；我国《混凝土结构设计规范》（GB 50010—2010）未指明计算裂缝的具体位置，最大裂缝宽度计算是指受拉钢筋合力位置高度处构件侧表面的裂缝宽度。我国《混凝土结构设计规范》（GB 50010—2010）设计中的控制裂缝宽度的原则是超过相对最大裂缝宽度的裂缝的出现概率不大于 5%，最大裂缝宽度具有 95% 的保证率。

实测表明，在使用阶段，下部受拉钢筋的应力普遍高于型钢下翼缘的应力，试验实测纵向受拉钢筋合力点处的裂缝宽度普遍高于型钢下翼缘处裂缝宽度，说明受拉钢筋的应变（或应力）是影响裂缝宽度的主要因素。型钢筋混凝土受弯构件的裂缝宽度计算位置应以受拉钢筋合力处为基准。

4. 最大裂缝宽度

与钢筋混凝土梁一样，以考虑钢（筋）与混凝土之间的黏结滑移和混凝土保护层厚度影响的一般裂缝理论为基础，沿用我国《混凝土结构设计规范》（GB 50010—2010）关于裂缝计算位置和最大裂缝宽度具有 95% 的保证率的原则，在进行型钢混凝土梁裂缝宽度计算时，把纵向受拉钢筋和型钢受拉翼缘、部分腹板的总面积成为等效钢筋面积 A_e，其等效直径为 d_e，考虑裂缝宽度的不均匀性和荷载长期作用影响的型钢混凝土受弯构件最大裂缝宽度按下式计算：

$$\omega_{max} = 2.1\Psi \frac{\sigma_{sa}}{E_s}\left(1.9c + 0.08\frac{d_e}{\rho_{te}}\right) \qquad (5-53)$$

$$\Psi = 1.1\left(1 - \frac{M_c}{M_s}\right) \tag{5-54}$$

$$M_c = 0.235 f_{tk} bh^2 \tag{5-55}$$

$$\sigma_{sa} = \frac{M_s}{0.87(A_s h_{0s} + A_{af} h_{0f} + kA_{aw} h_{0w})} \tag{5-56}$$

$$d_e = \frac{4(A_s + A_{af} + kA_{aw})}{u} \tag{5-57}$$

$$\rho_{te} = \frac{A_s + A_{af} + kA_{aw}}{0.5bh} \tag{5-58}$$

$$u = n\pi d_e + (2b_f + 2t_f + 2kh_{aw}) \times 0.7 \tag{5-59}$$

式中：Ψ 为考虑型钢翼缘作用的钢筋应变不均匀系数；当计算值 $\Psi < 0.4$ 时，取 $\Psi = 0.4$；当 $\Psi > 1.0$ 时，取 $\Psi = 1.0$；σ_{sa} 为考虑型钢受拉翼缘和部分腹板及受拉钢筋的钢筋应力值；d_e、ρ_{te} 分别为考虑型钢受拉翼缘与部分腹板面积及纵向受拉钢筋的有效直径、有效截面配筋率；c 为纵向受拉钢筋的混凝土保护层厚度；M_c 为混凝土截面的抗裂弯矩；f_{tk} 为混凝土抗拉强度标准值；A_a、A_{af} 分别为纵向受拉钢筋、型钢受拉翼缘面积；A_{aw}、h_{aw} 分别为型钢腹板的面积、高度；h_{0s}、h_{0f}、h_{0w} 分别为纵向受拉钢筋、型钢受拉翼缘、kA_{aw} 截面重心至混凝土截面受压边缘的距离；k 为型钢腹板影响系数，其值取梁受拉侧 1/4 梁高范围内腹板高度与整个腹板高度的比值；E_s 为纵向受拉钢筋的弹性模量；u 为纵向受拉钢筋和型钢受拉翼缘与部分腹板周长之和；n 为纵向受拉钢筋的根数。式（5-59）右边的系数 0.7 是考虑型钢表面较光滑的黏结作用折减系数。公式中的有关符号如图 5-12 所示。

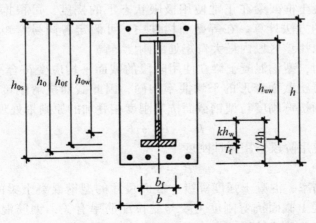

图 5-12 型钢混凝土受弯构件最大裂缝宽度计算示意图

5. 型钢混凝土受弯构件裂缝宽度验算与裂缝控制值

型钢混凝土梁构件的裂缝开展机理与钢筋混凝土构件基本相同，但应同时考虑纵向受拉钢筋、型钢受拉翼缘和部分腹板对混凝土开裂的影响。

结构构件的最大裂缝宽度允许值，主要是根据结构构件的耐久性要求确定的。结构构件的耐久性与结构所处的环境、构件的功能要求以及构件所配置的钢筋种类有关。从环境因素和构件功能看，型钢混凝土受弯构件与普通钢筋混凝土受弯构件所受影响和作用相同；至于环境条件对钢材的腐蚀影响、钢材种类对腐蚀的敏感性则主要取决于型钢混凝土构件中的用钢种类。

型钢混凝土受弯构件中的钢材有两种，即钢筋与型钢。钢筋是经过冶炼热轧制成的热轧钢筋，型钢混凝土受弯构件中常用的 HPB235 为低碳钢，HRB335、HRB400 均为低合金钢，与《混凝土结构设计规范》（GB 50010—2010）中规定的用作普通钢筋混凝土构件非预应力钢筋的种类完全相同。型钢混凝土受弯构件中使用热轧而成的工字钢、槽钢、角钢和钢板等各种型材，为碳素结构钢的低碳钢（Q235 钢）和部分低合金钢（主要是 Q345、Q390 钢），它们都是我国结构工程中常用的建筑结构钢，其熔炼化学成分相同或相近，就钢材在腐蚀性环境中的敏感性和耐锈性来说，与上述建筑用钢筋具有相同的程度和能力。

因此，型钢混凝土受弯构件的耐久性标准之一的最大裂缝宽度允许值，可以直接取用普通钢筋混凝土受弯构件相同的限值，即按照《混凝土结构设计规范》（GB 50010—2010）规定的裂缝控制等级。

（二） 型钢混凝土梁的挠度计算

型钢混凝土框架梁在正常使用极限状态下的挠度，可根据构件的刚度用结构力学的方法计算。在等截面构件中，可假定各同号弯矩区段内的刚度相等，并取用该区段内最大弯矩处的刚度。

试验表明，型钢混凝土梁在使用阶段的截面平均应变符合平截面假定，且型钢与混凝土截面变形的平均曲率相同，因此截面抗弯刚度可以采用钢筋混凝土截面抗弯刚度与型钢截面抗弯刚度相叠加的原则来处理。

$$B_s = B_{rc} + B_a \tag{5-60}$$

型钢在使用阶段采用弹性刚度

$$B_a = E_a I_a \tag{5-61}$$

不同配筋率、混凝土强度等级、截面尺寸的型钢混凝土梁的刚度试验，表明钢筋混凝土截面抗弯刚度主要与受拉配筋率有关，钢筋混凝土部分截面刚度可按简化公式计算

$$B_{rc} = \left(0.22 + 3.75 \frac{E_s}{E_c} \rho_s \right) E_c I_c \tag{5-62}$$

当型钢混凝土框架梁的纵向受拉钢筋配筋率在 $0.3\% \sim 1.5\%$ 范围时，荷载效应标准组合下的刚度 B_s 可按下式计算

$$B_s = \left(0.22 + 3.75 \frac{E_s}{E_c} \rho_s \right) E_c I_c + E_a I_a \tag{5-63}$$

荷载作用下，由于压区混凝土的徐变、钢筋与混凝土之间的黏结滑移徐变、以及混凝土收缩等原因使梁截面刚度下降，根据现行国家标准《混凝土结构设计规范》（GB 50010—2010）有关规定，引入荷载作用对挠度的增大系数 θ，受弯构件的刚度 B_1 可采用如下计算公式：

$$B_1 = \frac{M_s}{M_1(\theta - 1) + M_s} B_s \tag{5-64}$$

式中：E_c 为混凝土弹性模量；E_a 为型钢弹性模量；I_c 为按截面尺寸计算的混凝土截面惯性矩；I_a 为型钢的截面惯性矩；M_s 为按荷载效应的标准组合计算的弯矩值；M_1 为按荷载效应的准永久组合计算的弯矩值；θ 为开率荷载作用对挠度增大的影响系数，按下列规定取用：

当 $\rho_s' = 0$ 时，$\theta = 2.0$；当 $\rho_s' = \rho_s$ 时，$\theta = 1.6$；当 ρ_s' 为中间值时，θ 按直线内插法取用。此处，ρ_s、ρ_s' 分别为纵向受拉钢筋和纵向受压钢筋配筋率，$\rho_s = A_s/bh_0$、$\rho_s' = A_s'/bh_0$。

受弯构件的挠度应按荷载效应的标准组合并考虑荷载作用影响的刚度 B_1 进行计算，求得的挠度值应不大于表 5-1 规定的限值。

表 5-1 型钢混凝土梁的挠度限值

跨度	挠度限值（以计算跨度 l_0 计算）
$l_0 < 7m$	$l_0/200$（$l_0/250$）
$7m \leqslant l_0 \leqslant 9m$	$l_0/250$（$l_0/300$）
$l_0 > 9m$	$l_0/300$（$l_0/400$）

注：①构件制作时预先起拱，且使用上也允许，验算挠度时，可将计算挠度值减去起拱值；②表中括号中的数值适用于使用上对挠度有较高要求的构件。

第三节　型钢混凝土柱设计

一、型钢混凝土柱正截面承载力计算

（一）轴心受压柱正截面承载力分析

1. 试验研究分析

轴心受压柱按长细比不同分为短柱和长柱。当型钢混凝土短柱在轴心荷载作用下时，在加荷初期，型钢和混凝土能较好地共同工作，型钢、混凝土和钢筋的变形是协调的。随着荷载的增加，沿柱产生纵向裂缝。当荷载继续增加时，纵向裂缝逐渐贯通，把柱分成若干小柱体而发生劈裂破坏，在配钢量合适的情况下，型钢和纵向钢筋都能达到受压屈服。与普通钢筋混凝土柱不同的是，当加荷到极限荷载的 80% 以上时，型钢和混凝土黏结滑移明显，一般沿型钢翼缘处均有明显的纵向裂缝。不过，经试验研究发现，在合理配钢的情况下，当型钢混凝土柱达到最大荷载时，混凝土的应力仍然能达到其轴心抗压强度 f_c ，也就是说，黏结滑移的增大，对型钢混凝土轴心受压柱的承载力没有明显影响。

同钢筋混凝土柱相似，型钢混凝土长柱的承载力低于相同条件下的短柱承载力，采用稳定系数 φ 来考虑这一因素。试验研究表明，φ 值随长细比 l_0/i 的增大而减小，l_0/i 的值由表 5-2 确定。其中 l_0 为柱的计算长度，可根据柱两端的支承情况，按照《混凝土结构设计规范》（GB 50010—2010）的规定取用；i 为截面最小回转半径，可按下式计算

$$i = \sqrt{\frac{I_0}{A_0}} \tag{5-65}$$

其中

$$I_0 = I_c + \alpha_s I_s + \alpha_a I_a \tag{5-66}$$

$$A_0 = A_c + \alpha_s A_s + \alpha_a A_a \tag{5-67}$$

$$\alpha_s = E_s / E_c \tag{5-68}$$

$$\alpha_a = E_a / E_c \tag{5-69}$$

式中：I_0 为换算截面的惯性矩；A_0 为换算截面的面积；E_c、E_s、E_a 分别为混凝土、纵向钢筋和型钢的弹性模量；I_c、I_s、I_a 分别为混凝土净截面、纵向钢筋和型钢对换算截面的惯性矩。

表 5-2　型钢混凝土柱的稳定系数

l_0/i	≤28	35	42	48	55	62	69	76	83	90	97
φ	1.0	0.98	0.95	0.92	0.87	0.81	0.75	0.70	0.65	0.60	0.56
l_0/i	104	111	118	125	132	139	146	153	160	167	174
φ	0.52	0.48	0.44	0.40	0.36	0.32	0.29	0.26	0.23	0.21	0.19

2. 承载力计算公式

型钢混凝土轴心受压柱的试验研究证明：混凝土对型钢具有一定的约束作用，在承载过程中，型钢不会发生屈曲现象，因此在设计中可不予考虑型钢本身的屈曲。

型钢混凝土轴心受压柱的正截面承载力采用叠加方法，用下式计算

$$N \leqslant N_u = \varphi(f_c A_c + f_y' A_s' + f_a' A_a) \tag{5-70}$$

式中：φ 为型钢混凝土轴心受压柱的稳定系数；f_c 为混凝土轴心抗压强度设计值；A_c 为混凝土的净截面面积；f_y' 为纵向受压钢筋的抗压强度设计值；A_s' 为纵向受压钢筋的截面面积；f_a' 为型钢的抗压强度设计值；A_a 为型钢的有效净截面面积。

（二）偏心受压柱正截面承载能力分析

1. 试验研究

近年来，西安建筑科技大学、内蒙古科技大学等科研院所先后进行了配实腹型钢的偏心受压柱试验，研究柱的正截面受力性能，主要变化参数为偏心距 e_0、长细比以及保护层厚度等。试验证明，与钢筋混凝土偏压构件类似，偏心距 e_0 的大小是影响其破坏形态的主要因素。因此，型钢混凝土偏心受压柱的正截面破坏形态分为受拉破坏和受压破坏两大类，而这两类破坏的界限亦可称为界限破坏。限于本书篇幅，这里不再对受拉破坏、受压破坏、界限破坏的具体意义进行一一赘述，有需要的读者可以参阅相关文献资料。

2. 附加偏心距

由于工程实际中存在着荷载作用位置的不定性、混凝土浇筑的不均匀性及施工偏差等因素，都可能产生偏心距。因此在型钢混凝土偏心受压柱正截面承载力计算中，应计入轴向压力在偏心方向存在的附加偏心距 e_a，$e_a = \max\left(20, \dfrac{h}{30}\right)$ mm，h 为构件偏心方向的截面尺寸。引入附加偏心距 e_a 后，

计算偏心受压柱正截面承载力时，应将纵向力的偏心距取为 e_i，$e_i = e_0 + e_a$，称为初始偏心距。

3. 纵向弯曲的影响

在实际工程中，对于型钢混凝土偏压短柱，可以忽略纵向弯曲的影响，而对于中长柱，为避免失稳破坏，则须考虑纵向弯曲的影响。《组合结构设计规范》（JGJ 138—2016）中采用把初始偏心距 e_i 乘以一个偏心距增大系数 η 的方法来考虑纵向弯曲的影响。

$$\eta = 1 + \frac{1}{1400\dfrac{e_i}{h_0}}\left(\frac{l_0}{h}\right)^2 \xi_1 \xi_2 \tag{5-71}$$

$$\xi_1 = \frac{0.5 f_c A}{N} \tag{5-72}$$

$$\xi_2 = 1.15 - 0.01 \frac{l_0}{h} \tag{5-73}$$

式中：e_i 为初始偏心距；l_0 为柱计算长度；h 为截面高度；h_0 为截面有效高度；ξ_1 为潘欣受压构件的截面曲率修正系数，当 $\xi_1 > 1$ 时，取 $\xi_1 = 1$；ξ_2 为构件长细比对截面曲率的影响系数，当 $l_0/h < 15$ 时，取 $\xi_2 = 1$。

4. 单向偏心受压柱正截面承载力计算方法之一——极限平衡法

对于配实腹型钢的偏心受压柱，我国《组合结构设计规范》（JGJ 138—2016）采用如下计算方法：

（1）基本假定。在试验分析的基础上，型钢混凝土偏心受压柱正截面承载力基本假定与型钢混凝土梁计算假定一致。

（2）计算简图。计算简图如图 5-13 所示。根据计算简图，可得如下公式：

$$N \leqslant \alpha_1 f_c bx + f'_y A'_s + f'_a A'_{af} - \sigma_s A_s - \sigma_a A_{af} + N_{aw} \tag{5-74}$$

$$Ne \leqslant \alpha_1 f_c bx\left(h_0 - \frac{x}{2}\right) + f'_y A'_s (h_0 - a'_s) + f'_a A'_{af}(h_0 - a'_a) + M_{aw} \tag{5-75}$$

$$e = \eta e_i + \frac{h}{2} - a \tag{5-76}$$

$$e_i = e_0 + e_a \tag{5-77}$$

式中：a 为受拉钢筋和型钢受拉翼缘合力点到截面受拉边缘的距离。

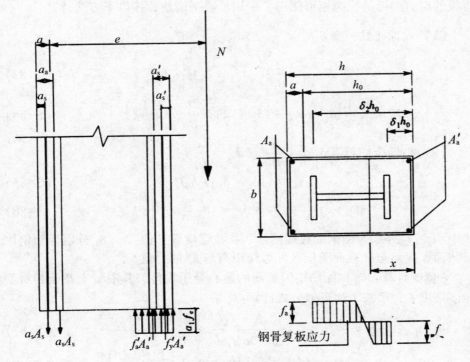

图 5-13　偏压柱截面应力图

公式（5-74）、（5-75）中有关参数计算方法如下。

σ_s 和 σ_a 的取值：柱截面远离纵向力一侧的纵向钢筋的应力 σ_s 和型钢翼缘应力 σ_a ，对应不同的情况，按以下方法计算：

（1）大偏压柱（ $x \leqslant \xi_b h_0$ ）。

$$\sigma_s = f_y \tag{5-78}$$

$$\sigma_a = f_a \tag{5-79}$$

$$\xi_b = \frac{\beta_1}{1 + \dfrac{f_y + f_a}{2 \times 0.003 E_s}} \tag{5-80}$$

（2）小偏压柱（ $x > \xi_b h_0$ ）。

$$\sigma_s = \frac{f_y}{\xi_b - \beta_1}\left(\frac{x}{h_0} - \beta_1\right) \tag{5-81}$$

$$\sigma_a = \frac{f_a}{\xi_b - \beta_1}\left(\frac{x}{h_0} - \beta_1\right) \tag{5-82}$$

N_{aw} 和 M_{aw} 的计算：型钢腹板承受的轴向合力 N_{aw} 和弯矩 M_{aw} ，可把型钢腹板的应力图形简化为矩形图形，采用极限平衡法，按以下方法计算：

（1）大偏压柱：当 $\delta_1 h_0 < \dfrac{x}{\beta_1}$，$\delta_2 h_0 > \dfrac{x}{\beta_1}$ 时。

$$N_{\mathrm{aw}} = \left[\frac{2}{\beta_1}\xi - (\delta_1 + \delta_2) \right] t_{\mathrm{w}} h_0 f_{\mathrm{a}} \tag{5-83}$$

$$M_{\mathrm{aw}} = \left[\frac{1}{2}(\delta_1^2 + \delta_2^2) - (\delta_1 + \delta_2) + \frac{2}{\beta_1}\xi - \left(\frac{1}{\beta_1}\xi\right)^2 \right] t_{\mathrm{w}} h_0^2 f_{\mathrm{a}} \tag{5-84}$$

（2）小偏压柱：当 $\delta_1 h_0 < \dfrac{x}{\beta_1}$，$\delta_2 h_0 > \dfrac{x}{\beta_1}$ 时。

$$N_{\mathrm{aw}} = (\delta_2 - \delta_1) t_{\mathrm{w}} h_0 f_{\mathrm{a}} \tag{5-85}$$

$$M_{\mathrm{aw}} = \left[\frac{1}{2}(\delta_2 - \delta_1)^2 + (\delta_2 - \delta_1) \right] t_{\mathrm{w}} h_0^2 f_{\mathrm{a}} \tag{5-86}$$

式中：t_{w}、f_{a} 分别为型钢的腹板厚度、抗拉强度设计值；δ_1、δ_2 分别为型钢腹板顶面、底面至柱截面受压区外边缘距离与 h_0 的比值。

ξ 值的计算：对称配筋矩形截面的偏心受压构件，其混凝土截面相对受压区高度 ξ，可按下列近似公式计算：

$$\xi = \frac{x}{h_0} = \frac{N - \xi_{\mathrm{b}} f_{\mathrm{c}} b h_0 - N_{\mathrm{aw}}}{\dfrac{N_e - 0.43\alpha_1 f_{\mathrm{c}} b h_0^2 - M_{\mathrm{aw}}}{(\beta_1 - \xi_{\mathrm{b}})(h_0 - a'_{\mathrm{s}})} + \alpha_1 f_{\mathrm{c}} b h_0} \tag{5-87}$$

5. 单向偏心受压柱正截面承载力计算方法之二——一般叠加法

对于型钢混凝土单向偏心受压柱正截面承载力的计算，行业标准《钢骨混凝土结构设计规程》（YB 9082—2006）给出的计算方法是建立在日本的《型钢混凝土计算标准》强度叠加方法基础上的，具体计算方法如下：

（1）偏心距增大系数。柱的长细比 $l_0/h_{\mathrm{c}} > 8$ 时，应考虑柱的弯曲变形对其压弯承载力的影响，对柱的偏心距乘以增大系数 η。型钢混凝土柱的偏心距增大系数 η，按下列公式计算

$$\eta = 1 + 1.25\frac{(7 - 6a)}{e_0/h_{\mathrm{c}}}\xi\left(\frac{l_0}{h_{\mathrm{c}}}\right)^2 \times 10^{-4} \tag{5-88}$$

$$a = \frac{N - 0.4 f_{\mathrm{c}} A}{N_{\mathrm{c0}}^{\mathrm{rc}} + N_{\mathrm{c0}}^{\mathrm{a}} - 0.4 f_{\mathrm{c}} A} \tag{5-89}$$

$$\xi = 1.3 - 0.026\frac{l_0}{h_{\mathrm{c}}}, \ \text{且} \ 0.7 \leqslant \xi \leqslant 1.0 \tag{5-90}$$

式中：a 为偏心距影响系数；ξ 为长细比影响系数；e_0 为柱轴压力的计算偏心距，$e_0 = \dfrac{M}{N}$；h_{c}、l_0 分别为柱的截面高度、计算长度；$N_{\mathrm{c0}}^{\mathrm{rc}}$、$N_{\mathrm{c0}}^{\mathrm{a}}$ 分别为钢筋混

凝土部分、型钢部分的轴心受压承载力，其中上标 rc 表示钢筋混凝土部分，a 表示型钢部分；N、M 分别为型钢混凝土柱承受的轴向压力设计值、弯矩设计值。

（2）计算公式。对于型钢混凝土偏心受压柱，正截面承载力计算的一般叠加方法的表达式

$$N \leqslant N_{cy}^{a} + N_{cu}^{rc} \tag{5-91}$$

$$M \leqslant M_{cy}^{a} + M_{cu}^{rc} \tag{5-92}$$

式中：N、M 分别为型钢混凝土柱承受的轴力、弯矩设计值；N_{cy}^{a}、M_{cy}^{a} 分别为型钢部分承担的轴力及相应的受弯承载力；N_{cu}^{rc}、M_{cu}^{rc} 分别为钢筋混凝土部分承担的轴力及相应的受弯承载力。

（3）计算步骤。

1）对于给定的轴力 N，由式（5-91）任意分配给型钢部分和钢筋混凝土部分，即得 N_{cy}^{a}、N_{cu}^{rc}。

2）由分配给型钢部分和钢筋混凝土部分的轴力 N_{cy}^{a}、N_{cu}^{rc}，分别求出相应的受弯承载力 M_{cy}^{a}、M_{cu}^{rc}。

3）上述步骤重复多次，从计算结果中找出 $M_{cy}^{a} + M_{cu}^{rc}$ 的最大值，即为轴力 N 作用下型钢混凝土偏压柱的受弯承载力。

已知柱中型钢的轴力 N_{cy}^{a}，求相应的受弯承载力 M_{cy}^{a} 时，用以下关系式：

$$\frac{N_{cy}^{a}}{A_{a}} + \frac{M_{cy}^{a}}{\gamma_{a} W_{a}} \leqslant f_{a} \tag{5-93}$$

式中：A_{a}、W_{a} 分别为型钢净截面面积和弹性抵抗矩；γ_{a} 为截面塑性发展系数，对工字形型钢截面，绕强轴弯曲时，取 $\gamma_{a} = 1.05$；绕弱轴弯曲时，取 $\gamma_{a} = 1.2$；对十字形和箱形型钢截面，取 $\gamma_{a} = 1.05$；f_{a} 为型钢材料强度设计值。

（4）适用范围。适用于所有的型钢混凝土偏压柱正截面承载力计算。

6. 双向偏心受压柱的计算

对于承受压力和双向弯矩的角柱，当型钢和钢筋均对截面的两个相互垂直的对称轴配置时，柱可按下列公式进行承载能力计算

$$N = \frac{1}{\dfrac{1}{N_{x}} + \dfrac{1}{N_{y}} - \dfrac{1}{N_{0}}} \tag{5-94}$$

式中：N_{x} 为仅考虑关于 x 轴的偏心距 ηe_{0x} 时，截面所能承受的极限纵向力；N_{y} 为仅考虑关于 y 轴的偏心距 ηe_{0y} 时，截面所能承受的极限纵向力；N_{0} 为按轴心受压柱计算时，柱的极限承载力。

二、型钢混凝土柱斜截面受剪承载力计算

（一）影响型钢混凝土短柱最大受剪承载力的因素

影响型钢混凝土短柱最大受剪承载力的有如下各因素：

1. 剪跨比 λ 对最大受剪承载力的影响

对于型钢混凝土柱，剪跨比 $\lambda = H/2h$，其中 H 为柱的净高，h 为柱截面的高度。剪跨比对柱剪切性能的影响和梁相似，影响到柱的破坏形态。当 $1.5 < \lambda < 2.5$ 时，构件多发生剪切-黏结破坏，构件的抗剪强度较高。随着剪跨比 λ 的增大，由于弯剪复合作用，抗剪强度降低，构件发生带有弯曲破坏特征的剪切-黏结破坏。

2. 型钢腹板对最大受剪承载力的影响

随着型钢腹板厚度的增加，其最大受剪承载力也相应提高。因为在腹板的屈服强度和高度一定的情况下，型钢的抗剪能力和腹板厚度基本成正比。

3. 箍筋对最大受剪承载力的影响

型钢混凝土柱和钢筋混凝土柱一样，箍筋要参与试件的抗剪，从图5-14 可以看出，缩小箍筋的间距可提高试件的最大承载力。主要原因：一方面箍筋本身参与抗剪，另一方面高配箍率可以更有效约束核心混凝土，使其处于三向受力状态从而使构件的最大承载力有明显的提高。从图5-14 中还可以看出：箍筋间距从 100mm 减小到 25mm 时，最大承载力有大幅度的提高；间距为 150mm、100mm 两处的最大承载力相差不大，说明箍筋间距大时，箍筋已失去约束混凝土的作用。

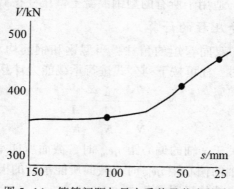

图5-14 箍筋间距与最大受剪承载力的关系

4. 轴压比对最大受剪承载力的影响

试验表明，对剪切-斜压破坏的型钢混凝土试件，在压、弯、剪荷载作用下，增加轴力可以抑制斜裂缝的形成与开展，使混凝土的抗剪强度加大，从而提高构件的最大承载力。对剪切-黏结破坏的试件却没有这样的效果。型钢混凝土柱的剪跨比 λ 增大时，其弯曲作用也增大，试件混凝土受压区除弯曲受压外，再增加轴压，混凝土容易压坏，使混凝土截面受剪承载力减小，因此，其受剪承载力下降。

（二）型钢混凝土框架柱受剪截面控制条件

型钢混凝有框架柱受剪截面控制条件和梁基本一样，应符合下列条件：

（1）非抗震设计。

$$V_c \leqslant 0.45 f_c b h_0 \tag{5-95}$$

$$\frac{f_a t_w h_w}{f_c b h_0} \geqslant 0.10 \tag{5-96}$$

（2）抗震设计。

$$V_c \leqslant \frac{1}{\gamma_{RE}} 0.36 f_c b h \tag{5-97}$$

$$\frac{f_a t_w h_w}{f_c b h_0} \geqslant 0.10 \tag{5-98}$$

（三）型钢混凝土柱斜截面受剪承载力计算

型钢混凝土柱斜截面受剪承载力应按下列方法计算：

（1）非抗震设计。

$$V_c \leqslant \frac{0.2}{\lambda + 1.5} f_c b h_0 + f_{yv} \frac{A_{sv}}{s} h_0 + \frac{0.58}{\lambda} f_a t_w h_w + 0.07N \tag{5-99}$$

（2）抗震设计。

$$V_c \leqslant \frac{1}{\gamma_{RE}} \left[\frac{0.16}{\lambda + 1.5} f_c b h_0 + 0.8 f_{yv} \frac{A_{sv}}{s} h_0 + \frac{0.58}{\lambda} f_a t_w h_w + 0.056N \right]$$
$$\tag{5-100}$$

式中：λ 为型钢混凝土柱的计算剪跨比，当 $\lambda < 1$ 时，取 1；当 $\lambda > 3$ 时，取 3；N 为考虑地震作用组合的型钢混凝土柱的轴向压力设计值；当 $N > 0.3 f_c A_c$ 时，取 $N = 0.3 f_c A_c$。

（四）型钢混凝土柱黏结破坏受剪承载力计算

根据分析柱的剪跨比、型钢、箍筋、混凝土等对最大承载力的影响。

通过理论分析，我们得出影响型钢混凝土柱斜截面受剪承载力的各部分计算公式。

型钢部分受剪承载力为 $V_a = \dfrac{0.58 f_a t_w h_w}{\lambda - 0.2}$，箍筋的受剪承载力为 $V_r = \rho_s f_{yv} b h_0$，混凝土受剪承载力为 $V_c = \beta f_c b h$，最后通过回归混凝土部分的受剪承载力及考虑压力对受剪承载力的有利影响，建立了型钢混凝土柱受剪承载力计算公式（5-101）

$$V_{src} \leqslant \frac{0.42}{\lambda + 1.4} f_c b' h_0 + \rho_{sv} f_{yv} b h_0 + \frac{0.58 f_a t_w h_w}{\lambda - 0.2} + 0.07N \quad (5-101)$$

考虑抗震设计时

$$V_c \leqslant \frac{1}{\gamma_{RE}} \left[\frac{0.42}{\lambda + 1.4} f_c b' h_0 + \rho_{sv} f_{yv} b h_0 + \frac{0.58 f_a t_w h_w}{\lambda - 0.2} + 0.056N \right]$$

$$(5-102)$$

式中：λ 为框架柱的计算剪跨比，取上、下端较大弯矩设计值 M 与对应的剪力设计值 V 和柱截面有效高度 h_0 的比值，即 M/Vh_0；当框架结构中的框架柱的反弯点在柱层高范围内时，柱剪跨比可采用 1/2 柱净高与柱截面有效高度 h_0 的比值；当 $\lambda < 1$ 时，取 1；当 $\lambda > 3$ 时，取 3；b' 为抗剪切滑移的有效宽度，即翼缘外侧混凝土截面的高度，取 $b' = b - b_f$；ρ_{sv} 为框架柱配筋率，$\rho_{sv} = \dfrac{A_{sv}}{sb}$；$f_a$ 为柱中型钢抗压强度设计值；t_w 为柱中型钢腹板厚度；h_w 为柱中型钢腹板高度；N 为考虑地震作用组合的框架柱的轴向力设计值；当 $N > 0.3 f_c A_c$ 时，取 $N = 0.3 f_c A_c$。

三、型钢混凝土柱裂缝宽度计算

按《组合结构设计规范》（JGJ 138—2016）建议的公式计算型钢混凝土柱裂缝宽度。配置工字形的型钢混凝土轴心受拉构件，按荷载的准永久组合并考虑长期效应组合影响的最大裂缝宽度可按下列公式计算，并应不大于表 5-3 规定的限值，即

$$\omega_{max} = 2.7\psi \frac{\sigma_{sq}}{E_s} \left(1.9 c_s + 0.07 \frac{d_e}{\rho_{te}} \right) \quad (5-103)$$

$$\psi = 1.1 - 0.65 \frac{f_{tk}}{\rho_{te} \sigma_{sq}} \quad (5-104)$$

$$\sigma_{sq} = \frac{N_q}{A_s + A_a} \quad (5-105)$$

$$\rho_{te} = \frac{A_s + A_a}{A_{te}} \quad\quad\quad (5-106)$$

$$d_e = \frac{4(A_s + A_a)}{u} \quad\quad\quad (5-107)$$

$$u = n\pi d_s + 4(b_f + t_f) + 2h_w \quad\quad\quad (5-108)$$

式中：ω_{max} 为最大裂缝宽度；c_s 为纵向受拉钢筋的混凝土保护层厚度；ψ 为裂缝间受拉钢筋和型钢应变不均匀系数，当 $\psi < 0.2$ 时，取 $\psi = 0.2$，当 $\psi > 1$ 时，取 $\psi = 1$；N_q 为按荷载效应的准永久组合计算的轴向拉力值；σ_{sq} 为按荷载效应的准永久组合计算的型钢混凝土构件纵向受拉钢筋和受拉型钢的应力的平均值；d_e、ρ_{te} 分别为综合考虑受拉钢筋和受拉型钢的有效直径和有效配筋率；A_{te} 为轴心受拉构件的横截面面积；u 为纵向受拉钢筋和型钢截面的总周长；n、d_s 分别为纵向受拉变形钢筋的数量和直径；b_f、t_f、h_w 分别为型钢截面的翼缘宽度、厚度和腹板高度。

表 5-3　型钢混凝土柱最大裂缝宽度限值

耐久性环境等级	裂缝控制等级	最大裂缝宽度限值 ω_{max}
一		0.3（0.4）
二 a	三级	0.2
二 b		
三 a、三 b		

注：对于年平均相对湿度小于 60% 地区一级环境下的型钢混凝土柱，其裂缝最大宽度限值可采用括号的数值。

第四节　型钢混凝土剪力墙设计

一、型钢混凝土剪力墙的形式及一般要求

高层和超高层建筑中常采用型钢混凝土剪力墙作为结构的水平抗侧力构件，型钢混凝土剪力墙主要承担高层和超高层建筑的大部分水平荷载，并承担其左、右开间内的半跨竖向荷载。型钢混凝土剪力墙按其截面形式可分为：无边框型钢混凝土剪力墙、有边框型钢混凝土剪力墙（图 5-3）。型钢混凝土剪力墙两端没有设置明柱的无翼缘或有翼缘的剪力墙为无边框型钢混凝土剪力墙。有边框型钢混凝土剪力墙是指剪力墙周边设置框架梁

和框架柱，框架梁可以是型钢混凝土梁或钢筋混凝土梁，无框架梁时，应在相应位置设置钢筋混凝土暗梁，暗梁的高度可取墙体厚度的 2 倍。框架梁、柱与墙体同时浇筑为整体的剪力墙［图 5-3（b）］，有边框型钢混凝土剪力墙用于框架-剪力墙结构中。型钢剪力墙端部的型钢可采用 H 型钢、工字形钢或槽钢等。在钢框架-钢筋混凝土心筒混合结构中，为了提高混凝土核心筒的承载力和变形能力，便于钢梁与核心筒连接，在核心筒的转角和端部设置型钢，型钢周围应配置纵向钢筋和箍筋形成暗柱，核心筒各片墙肢可划分为无边框型钢混凝土剪力墙。

为保证现浇混凝土剪力墙与边框型钢柱、梁的整体作用，有边框型钢柱、梁现浇钢筋混凝土剪力墙中的水平分布钢筋应绕过或穿过边框柱型钢，且应满足钢筋锚固长度的要求。当间隔穿过时，宜另加补强钢筋。边框柱中的型钢、纵向钢筋、箍筋配置应符合型钢混凝土柱的设计要求。

惯性矩较大的型钢强轴应平行于型钢混凝土剪力墙面。应避免型钢混凝土剪力墙的平面外受弯。为保证混凝土对型钢的约束作用，型钢剪力墙混凝土保护层厚度宜大于 50mm。剪力墙的厚度、水平和竖向分布钢筋的最小配筋率以及端部暗柱、翼柱的箍筋、拉筋等构造要求，宜符合《混凝土结构设计规范》（GB 50010—2010）和《高层建筑混凝土结构技术规程》（JGJ 3—2010）的规定。

有抗震设防要求的型钢混凝土剪力墙设计，应符合"强柱弱梁"、"强剪弱弯"、"强压弱拉"和"强节点弱构件"等抗震设计原则，以确保剪力墙具有良好的变形能力和较大的耗能能力。

二、型钢混凝土剪力墙的受弯

无边框型钢混凝土剪力墙受弯承载力实验表明，当达到最大荷载时，端部型钢均屈服。型钢屈服后，由于墙板下部混凝土被压碎以及型钢周围混凝土的剥落，产生剪切滑移破坏或腹板剪压破坏。钢筋混凝土剪力墙对比试验表明，在端部暗柱钢筋屈服后，除产生剪切黏结破坏外，还会发生平面外错断破坏，承载力下降很快，延性性能不能充分发挥。所以，剪力墙中设置墙轴线与墙面平行的型钢暗柱可以提高平面外的刚度，防止错断破坏，提高延性。

有边框型钢混凝土剪力墙的正截面受弯性能与无边框型钢混凝土剪力墙基本相同。

无边框型钢混凝土剪力墙采用《混凝土结构设计规范》（GB 50010—2010）中沿截面腹部均匀配置纵向钢筋的正截面偏心受压承载力计算公式

计算承载力是合适的。计算中把端部型钢作为纵向受力钢筋的一部分。对于两端配有型钢的钢筋混凝土剪力墙，《组合结构设计规范》（JGJ 138—2016）规定其正截面偏心受压承载力应按下列公式计算（图5-15）

$$N \leqslant f_c \xi b h_0 + f'_a A'_a + f'_y A'_s - \sigma_a A_a - \sigma_s A_s + N_{sw} \tag{5-109}$$

$$Ne \leqslant f_c \xi (1 - 0.5\xi) b h_0^2 + f'_y A'_s (h_0 - a'_s) + f'_a A'_a (h_0 - a'_a) + M_{sw} \tag{5-110}$$

$$N_{sw} = \left(1 + \frac{\xi - 0.8}{0.4\omega}\right) f_{yv} A_{sw} \tag{5-111}$$

$$M_{sw} = \left[0.5 - \left(\frac{\xi - 0.8}{0.8\omega}\right)^2\right] f_{yv} A_{sw} h_{sw} \tag{5-112}$$

式中：A_a、A'_a 分别为剪力墙受拉短、受压端所配置型钢的全部截面面积；σ_s 为受拉钢筋应力；N_{sw} 为剪力墙竖向分布钢筋所承担的轴向力，当 $\xi > 0.8$ 时，取 $N_{sw} = f_{yv} \cdot A_{sw}$；$M_{sw}$ 为剪力墙竖向分布钢筋的合力对型钢截面形心的力矩，当 $\xi > 0.8$ 时

$$M_{sw} = 0.5 f_{yv} A_{sw} h_{sw} \tag{5-113}$$

式中：A_{sw} 为剪力墙竖向分布钢筋总面积；f_{yv} 为剪力墙竖向分布钢筋强度设计值；ω 为剪力墙竖向分布钢筋配置高度 h_{sw} 与截面有效高度 h_0 的比值，$\omega = h_{sw}/h_0$；b 为剪力墙厚度；h_0 为型钢受拉翼缘和纵向受拉钢筋合力点值混凝土受压边缘的距离；e 为轴向力作用点到型钢受拉翼缘和纵向受拉钢筋合力点的距离。

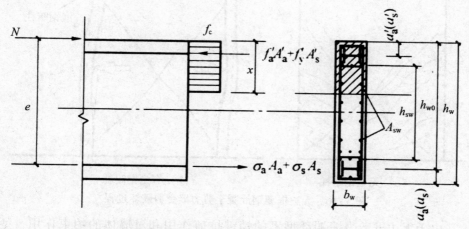

图5-15　型钢混凝土剪力墙正截面偏心受压承载力计算简图

三、型钢混凝土剪力墙的受剪

试验表明，由于暗柱中型钢对混凝土有较大销栓作用，无边框型钢混凝土剪力墙受剪承载力大于普通钢筋混凝土剪力墙。在水平反复荷载作用下，有边框型钢混凝土剪力墙在水平荷载作用下，首先边框柱形成弯曲裂缝，之后墙板部分出现剪切斜裂缝；荷载继续增大，斜裂缝不断发展并形成许多大致平行的斜裂缝；最后墙板中部的斜裂缝连通而发生剪切破坏。在水平反复荷载作用下，无边框型钢混凝土剪力墙斜截面受剪破坏的过程如图5-16所示。贯通的主斜裂缝出现后不久，荷载很快达到最大值，主斜裂缝宽度可达0.5～1.0mm。此后，裂缝的发展主要集中于主斜裂缝，墙体被交叉裂缝分为四个块体，主斜裂缝附近的混凝土破碎逐渐剥落，承载力下降，墙体产生剪切破坏。在加载后期，暗柱型钢受混凝土块体的挤压向外凸出，沿型钢出现竖向裂缝，型钢外混凝土保护层剥落。即使墙体已严重破坏，试件也不发生平面外错断。有边框型钢混凝土剪力墙与无边框型钢混凝土剪力墙破坏的不同之处在于墙板部分发生受剪破坏后，由于边框型钢混凝土柱对墙体的约束作用，剪力墙水平承载力的衰减减小。因此有边框型钢混凝土剪力墙具有较好的延性。

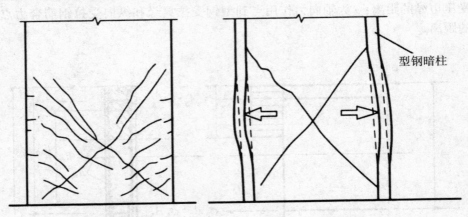

（a）无型钢暗柱　　　　　　　　　　（b）有型钢暗柱

图5-16　无边框型钢混凝土剪力墙受剪破坏过程

由于无边框剪力墙端部型钢的销键抗剪作用和对墙体的约束作用，型钢混凝土剪力墙的受剪承载力大于钢筋混凝土剪力墙；剪力墙的墙肢宽度较大时，端部型钢的销键和约束作用将减弱；当型钢的销键作用得到充分发挥时，墙体斜裂缝的开展宽度已较大。因此，型钢的销键作用和约束作用仅能适当考虑。无边框型钢混凝土剪力墙中，型钢的抗剪作用主要表现在销键作用。因此，进行承载力验算时，应该采用型钢的全截面面积。试验结果还表明，随着剪力墙剪跨比的增大，型钢的销键作用逐渐减小。在设置较强型钢的情况下，为了避免在腹板内配置的水平分布钢筋过少，延性降低，有必要限制型钢受剪承载力的取值不得大于腹板受剪承载力的 25%。

对于两端配有型钢的钢筋混凝土剪力墙，《组合结构设计规范》（JGJ 138—2016）规定其偏心受压时的斜截面受剪承载力，应按式（5-114）计算（图 5-17）：

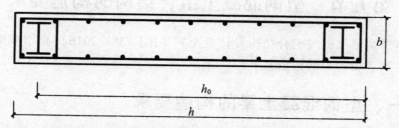

图 5-17 两端配有型钢的钢筋混凝土剪力墙斜截面受剪承载力计算简图

$$V_{\mathrm{w}} = \frac{1}{\lambda - 0.5}\left(0.05f_{\mathrm{c}}bh_0 + 0.13N\frac{A_{\mathrm{w}}}{A}\right) + f_{\mathrm{yv}}\frac{A_{\mathrm{sh}}}{s}h_0 + \frac{0.4}{\lambda}f_{\mathrm{a}}A_{\mathrm{a}}$$

（5-114）

式中：λ 为计算截面处的剪跨比，$\lambda = \dfrac{M}{Vh_0}$；当 $\lambda < 1.5$ 时，取 $\lambda = 1.5$；当 $\lambda > 2.2$ 时，取 $\lambda = 2.2$；N 为考虑地震作用组合的剪力墙的轴向压力设计值；当 $N > 0.2f_{\mathrm{c}}bh$ 时，取 $N = 0.2f_{\mathrm{c}}bh$；A 为剪力墙的截面面积；当有翼缘时，翼缘有效面积可按《组合结构设计规范》（JGJ 138—2016）取用；A_{w} 为 T 形、工字形截面剪力墙腹板的截面面积；对矩形截面剪力墙，取 $A = A_{\mathrm{w}}$；A_{sh} 为配置在同一水平截面内的水平分布钢筋的全部截面面积；A_{a} 为剪力墙一端暗柱中型钢截面面积；s 为水平分布钢筋的竖向间距。

对于周边有型钢混凝土柱和钢筋混凝土梁的现浇钢筋混凝土剪力墙，正截面偏心受压时的斜截面受剪承载力，应按式（5-115）计算（图 5-18）：

$$V_{\mathrm{w}} = \frac{1}{\lambda - 0.5}\left(0.05\beta_{\mathrm{r}}f_{\mathrm{c}}bh_0 + 0.13N\frac{A_{\mathrm{w}}}{A}\right) + f_{\mathrm{yv}}\frac{A_{\mathrm{sv}}}{s}h_0 + \frac{0.4}{\lambda}f_{\mathrm{a}}A_{\mathrm{a}}$$

（5-115）

式中：β_{r} 为周边柱对混凝土墙体的约束系数，取 1.2。

图 5-18　周边配有型钢柱的剪力墙斜截面受剪承载力计算简图

第五节　型钢混凝土组合结构的构造要求

本节主要根据《组合结构设计规范》（JGJ 138—2016）介绍型钢混凝土梁、柱、剪力墙的构造要求。

一、型钢混凝土梁的构造要求

（1）型钢混凝土梁中的型钢，宜采用充满型实腹式型钢，其型钢的一侧翼缘宜位于受压区，另一侧翼缘应位于受拉区（图5-19）。

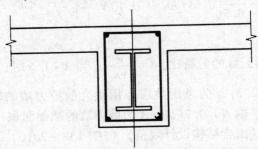

图 5-19　型钢混凝土梁的截面配钢形式

（2）型钢混凝土梁中型钢钢板厚度不宜小于6mm，其钢板宽厚比（图5-20）应符合表5-4的规定。

表 5-4　型钢混凝土梁的型钢钢板宽厚比限值

钢号	b_{f1}/t_f	h_w/t_w
Q235	≤23	≤107
Q345、Q345GJ	≤19	≤91
Q390	≤18	≤83

续表

钢号	b_{f1}/t_f	h_w/t_w
Q420	≤17	≤80

（3）型钢混凝土梁最外层钢筋的混凝土保护层最小厚度应符合《混凝土结构设计规范》（GB 50010—2010）的规定。型钢的混凝土保护层最小厚度（图 5-21）不宜小于 100mm，且梁内型钢翼缘离两侧边距离 b_1、b_2 之和不宜小于截面宽度的 1/3。

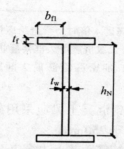

图 5-20　型钢混凝土梁的型钢钢板宽厚比

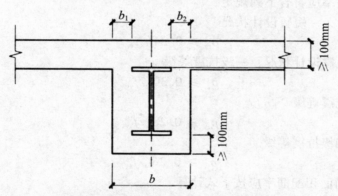

图 5-21　型钢混凝土中型钢的混凝土保护层最小厚度

（4）型钢混凝土梁截面宽度不宜小于 300mm。

（5）考虑地震作用组合的型钢混凝土梁应采用封闭箍筋，其末端应有 135°的弯钩，弯钩端头平、直段长度不应小于 10 倍箍筋直径。

（6）考虑地震作用组合的型钢混凝土梁，梁端应设置箍筋加密区，其加密区长度、加密区箍筋最大间距和箍筋最小直径应符合表 5-5 的要求（图中 h 为梁高）。非加密区的箍筋间距不宜大于加密区箍筋间距的 2 倍。

表5-5　抗震设计型钢混凝土梁箍筋加密区的构造要求

抗震等级	箍筋加密区长度	加密区箍筋最大间距/mm	箍筋最小直径/mm
一级	$2h$	100	12
二级	$1.5h$	100	10
三级	$1.5h$	150	10
四级	$1.5h$	150	8

注：①当梁跨度小于梁截面高度4倍时，梁全跨应按箍筋加密区配置；②一级抗震等级框架梁箍筋直径大于12mm，二级抗震等级框架箍筋直径大于10mm，箍筋数量不少于4肢且肢距不大于150mm时，加密区箍筋最大间距应允许适当放宽，但不得大于150mm。

（7）非抗震设计时，型钢混凝土梁应采用封闭箍筋，其箍筋直径应不小于8mm，箍筋间距应不大于250mm。

（8）两端设置的第一个箍筋距节点边缘应不大于50mm。沿梁全长箍筋的面积配筋率应符合下列规定：

对于持久、短暂设计状况

$$\rho_{sv} \geqslant 0.24 f_t / f_{yv} \tag{5-116}$$

对于地震设计状况，一级抗震等级

$$\rho_{sv} \geqslant 0.30 f_t / f_{yv} \tag{5-117}$$

二级抗震等级

$$\rho_{sv} \geqslant 0.28 f_t / f_{yv} \tag{5-118}$$

三、四级抗震等级

$$\rho_{sv} \geqslant 0.26 f_t / f_{yv} \tag{5-119}$$

箍筋的面积配筋率应按下式计算

$$\rho_{sv} = \frac{A_{sv}}{bs} \tag{5-120}$$

（9）型钢混凝土梁的箍筋肢距，可按《混凝土结构设计规范》（GB 50010—2010）的规定适当放松。

（10）配置桁架式型钢混凝土梁，其压杆的长细比不宜大于120。

二、型钢混凝土柱的构造要求

（一）型钢

1. 含钢率

（1）含钢率是指型钢混凝土柱的型钢截面面积与柱全截面面积比值。型钢混凝土柱所用型钢宜采用 Q235 或 Q345 钢。

（2）型钢混凝土柱的含钢率不宜小于 4%，且不宜大于 10%。因为含钢率太小显示不出型钢的作用；含钢率太大，型钢和混凝土之间的黏结性能会大大降低，型钢和混凝土不能有效地共同工作，致使型钢混凝土柱的承载力降低。

（3）工程上较为合适的含钢率在 5%～8% 之间。

2. 型钢的形式及混凝土的保护层厚度

（1）型钢混凝土框架柱的型钢宜采用实腹式型钢，常用形式如图 5-22 所示。带翼缘的十字形截面［图 5-22（a）］常用于中柱，其四个边均易与梁内型钢相连；丁字形截面［图 5-22（b）］常用于边柱；L 形截面［图 5-22c）］常用于角柱；宽翼缘 H 型钢、圆钢管、方钢管［图 5-22（d）、（e）、（f）］适用于各平面位置的框架柱。

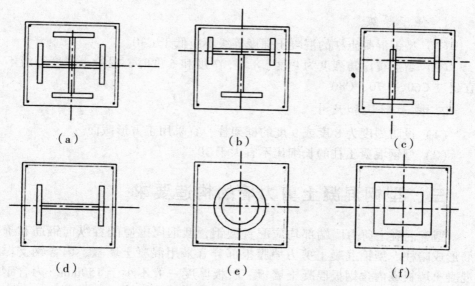

（a）　　　　　　　　　（b）　　　　　　　　　（c）

（d）　　　　　　　　　（e）　　　　　　　　　（f）

图 5-22　型钢混凝土柱截面形状

（2）型钢混凝土柱保护层厚度不宜小于 120mm，这主要是为了防止黏结劈裂破坏。

（二） 纵向受力钢筋

（1）型钢混凝土柱中的纵向受力钢筋宜采用 HRB335、HRB400 热轧钢筋。

（2）纵向钢筋的直径应不小于 16mm，净距不宜小于 60mm，钢筋与型钢之间的净距应不小于 30mm，以便于混凝土的浇注。

（3）型钢混凝土柱中全部纵向受力钢筋的配筋率不宜小于 0.8%，以使型钢能在混凝土、纵向钢筋和箍筋的约束下发挥其强度和塑性性能。

（4）纵向钢筋一般设在柱的角部，但每个角上不宜多于 5 根。

（三） 箍筋

（1）型钢混凝土柱中箍筋的直径不小于 8mm，间距不大于 250mm 及柱截面高度的 1/2。

（2）对于有抗震设防要求的柱，柱端部位要按照《混凝土结构设计规范》（GB 50010—2010）的要求加密箍筋，且箍筋的体积配箍率应满足 $\rho_{sv} \geqslant 0.6\%$。

（四） 混凝土强度等级及柱截面形状和尺寸

1. 强度等级

（1）型钢混凝土柱的混凝土强度等级不应低于 C30。

（2）当抗震设防烈度为 9 度、8 度、7 度和 6 度时，混凝土强度等级不宜超过 C60、C70、C80。

2. 截面形状和尺寸

（1）设防烈度为 8 度或 9 度的框架柱，宜采用正方形截面。

（2）型钢混凝土柱的长细比不宜大于 30。

三、型钢混凝土剪力墙的构造要求

型钢混凝土剪力墙端部均应配置型钢，型钢周围应配置纵向钢筋和箍筋形成暗柱。型钢混凝土剪力墙腹板部分宜采用混凝土墙板、内含钢支撑混凝土墙板或内含钢板混凝土墙板。腹板厚度一般不小于 150mm。内含钢支撑混凝土墙板、内含钢板混凝土墙板可提高剪力墙的抗剪承载力，但应注意采取适当的构造措施，防止钢支撑或钢板过早产生局部压曲而导致承载力的降低。为保证现浇混凝土剪力墙与边框柱、梁的整体作用，有边框柱、梁现浇钢筋混凝土剪力墙中的水平分布钢筋应绕过或穿过边框柱型钢，且应满足钢筋锚固长度的要求。当间隔穿过时，宜另加补强钢筋。边框柱中的型钢、纵向钢筋、箍筋配置应符合型钢混凝土柱的设计要求，边框梁可采用型钢混凝土梁或钢筋混凝土梁。当不设边框梁时，应在相应位置设置钢筋混凝土暗梁，暗梁的高度可取墙厚的两倍。

（一） 型钢混凝土剪力墙的厚度要求

非抗震设计的剪力墙，其截面厚度应不小于层高或剪力墙无肢长度的1/25，且无边框剪力墙的厚度应不小于180mm，有边框剪力墙的厚度应不小于200mm。

按一、二级抗震等级设计的型钢混凝土剪力墙截面厚度，底部加强部位应不小于层高或剪力墙无肢长度的1/16，且无边框剪力墙的厚度应不小于200mm；有边框剪力墙的厚度应不小于180mm。当为无边框或翼墙的一字形剪力墙时，其底部加强部位截面厚度应不小于层高的1/20，其他部位的厚度应不小于层高或剪力墙无肢长度的1/15，且应不小于180mm。

按三、四级抗震等级设计的型钢混凝土剪力墙截面厚度，底部加强部位应不小于层高或剪力墙无肢长度的1/20，且无边框剪力墙的厚度应不小于180mm，有边框剪力墙的厚度应不小于160mm。

对框架-筒体结构或筒中筒结构的高层建筑，核心筒外墙的截面厚度应不小于层高的1/20或200mm。

当不满足时，应按《高层建筑混凝土结构技术规程》（JGJ 3—2010）的有关部分计算墙体稳定。

对框架-筒体结构或筒中筒结构的高层建筑，按一、二级抗震等级设计的钢筋混凝土剪力墙的底部加强部位不宜小于层高的1/16。

（二） 型钢混凝土剪力墙的腹板部分的竖向及水平分布钢筋的要求

剪力墙的厚度、水平和竖向分布钢筋的最小配筋率以及端部暗柱、翼柱的箍筋、拉筋等构造要求，宜符合《混凝土结构设计规范》（GB 50010—2010）和《高层建筑混凝土结构技术规程》（JGJ 3—2010）的规定。无边框剪力墙、带边框剪力墙的腹板，其水平和竖向分布钢筋应符合下列要求：

剪力墙应根据墙厚配置多排钢筋网，各排钢筋网的横向间距不宜大于300mm；墙厚不大于400mm时，可采用双排钢筋网；墙厚为450～650mm

时，宜采用三排钢筋网；墙厚大于 650mm 时，钢筋网不宜少于 4 排。型钢混凝土剪力墙中，钢筋混凝土腹板的水平、竖向分布钢筋的配置，应符合《抗震规范》、《钢骨混凝土结构设计规程》，以及《高强混凝土结构技术规程》的规定，水平、竖向分布钢筋的直径不宜大于墙厚的 1/10。

型钢混凝土剪力墙竖向和水平分布筋的配筋率，一、二、三级抗震设计时均应不小于 0.25%，四级抗震设计和非抗震设计时均应不小于 0.2%。型钢混凝土剪力墙竖向和水平分布筋的间距，一、二、三级抗震设计时均应不大于 200mm，四级抗震设计和非抗震设计时均应不大于 300mm。一、二、三级抗震设计时，在剪力墙底部高度为 1.0 倍墙截面高度的塑性铰区域范围内，水平钢筋应加密。二、三级抗震设计时，加密范围内水平分布筋的间距小于等于 150mm；一级抗震设计时，加密范围内水平分布筋的间距小于等于 100mm。型钢混凝土剪力墙竖向和水平分布筋的直径不小于 $\varphi 8$，且水平和竖向分布钢筋的直径不宜大于墙肢截面厚度的 1/10。

对于无边框或带边框剪力墙，为了确保其整体性，墙体配筋在钢筋锚固等构造上应能保证剪力墙腹板与端部型钢或边柱的可靠连接。腹板内的水平分布钢筋，应绕过或穿过墙端或边柱内的型钢，且满足受拉钢筋的锚固长度要求。若钢筋是隔根穿过型钢时，应另加补强钢筋。钢筋的锚固长度，应符合国家标准《混凝土结构设计规范》（GB 50010—2010）的规定。

（三）　型钢混凝土墙的墙端型钢及型钢保护层的要求

型钢混凝土墙的两端应配置实腹型钢暗柱。为保证混凝土对型钢的约束作用，剪力墙端部型钢的混凝土保护层厚度宜大于 50mm。有边框型钢混凝土剪力墙的边框柱，其型钢和钢筋的构造要求以及混凝土保护层厚度，与本章对型钢混凝土柱的要求相同；无边框剪力墙端部型钢的周围应配置竖向钢筋和箍筋，以形成暗柱或翼柱。剪力墙端部暗柱及约束边缘构件的尺寸、纵向钢筋、箍筋和拉筋的构造要求应符合《高层建筑混凝土结构技术规程》（JGJ 3—2010）的规定。当水平剪力很大时，也可在剪力墙腹板内增设型钢斜撑或型钢暗柱。

无边框型钢混凝土剪力墙的厚度一般较薄，墙端部的型钢宜采用 H 型钢或槽钢等截面形式，使混凝土能嵌入型钢，以保证型钢与混凝土的黏结，其惯性矩较大的形心轴（强轴）应与墙面平行。此外，为了提高剪力墙平面外的稳定性，应将型钢惯性矩较大的形心轴（强轴）与墙面平行。

强烈地震作用时，墙内型钢还可防止剪力墙出平面的错断。型钢混凝土剪力墙的边框柱（明柱）或暗柱内的型钢，在基础内均应有可靠的锚固，使能充分传递型钢所承担的较大压力或拉力。一般情况下，宜采用埋入式柱脚。

第六节　型钢混凝土结构工程应用实例

一、型钢混凝土框架组合结构或组合结构框架部分工程实例

（1）北京长富宫中心。1987 年建造的北京长富宫中心的建筑总高为91m，如图 5-23 和图 5-24 所示。北京长富宫中心为地下 2 层、地上 25 层的星级宾馆。框架梁柱节点采用栓焊刚性连接，主次梁采用高强螺栓铰接连接。地下及地上几层的型钢混凝土梁截面均为 500mm×950mm 及 500mm×1100mm，型钢混凝土梁内型钢为高度为 650mm 及 850mm 的工字形截面。地下室部分的柱采用型钢混凝土结构。型钢混凝土柱截面为 850mm×850mm 及 1200mm×1200mm，地上部分钢柱均为 450mm×450mm 箱形截面，钢板厚度自下而上为 42mm 到 19mm。

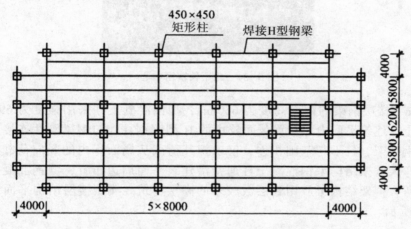

图 5-23　北京长富宫中心结构平面布置图示意图（单位：mm）

（2）美国达拉斯中枢大厦。美国达拉斯中枢大厦建筑平面为带锯齿状切角的正方形平面。它是一幢高层办公楼，地面以上 73 层，高 280m，采用型钢混凝土框架结构，沿建筑平面的纵、横向轴线布置 16 根截面较大的型钢混凝土柱。沿该大厦建筑平面的周围布置柱，柱距为 9.15m。各层框架钢梁与截面较大的型钢混凝土柱刚性连接构成空间抗弯大框架结构，空间抗弯大框架结构增大了结构的抗倾覆和抗扭转能力，承担着整座大楼的全部水平荷载和大部分竖向荷载。型钢混凝土柱的最大截面尺寸为 2.14m×

图 5-24　北京长富宫中心

2.14m，楼层钢梁的截面高度为 660mm，型钢混凝土柱采用强度为 69MPa 混凝土。建筑平面内部布置截面较小的 H 型钢钢柱，与钢梁刚性连接形成小型钢框架，且不与基础相连，仅承担其荷载从属面积内的竖向荷载。空间抗弯大框架结构型钢混凝土柱通常沿建筑平面周边布置，型钢混凝土空间抗弯大框架结构可应用到层数较多的高层建筑。典型楼层结构平面如图 5-25所示。

二、型钢混凝土框架-剪力墙组合结构工程实例

　　1985 年建成的北京香格里拉饭店，总建筑面积为 $5.7×10^4 m^2$，总高度为 83m，主楼地下 2 层，地上 24 层，屋面上有两层小塔楼。抗震设防烈度为 8 度，所在地段的场地类别为 Ⅱ 类。房屋的高宽比为 3.9。主体采用型钢混凝土框架-抗震墙结构，框架柱网尺寸为 8.8m×7.7m，地下二层到地上一层框架采用现浇钢筋混凝土结构，地上第二、三层框架采用全型钢混凝土结构，四层以上框架采用由钢梁和型钢混凝土柱所组成的框架，即半型

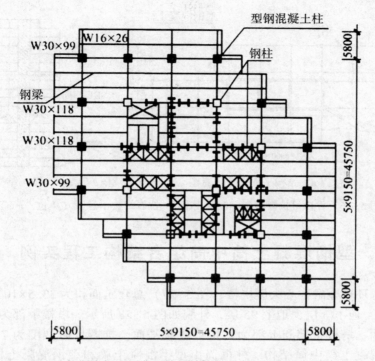

图 5-25　达拉斯中枢大厦典型楼层结构平面布置示意图（单位：mm）

钢混凝土结构。主楼的楼板，四层以下各层，采用现浇钢筋混凝土实心板，五层以上，采用预制钢筋混凝土多孔板。框架梁为焊接工字型钢组合截面梁，最大截面高度为 1200mm，框架钢梁一般截面尺寸为 588mm×300mm×12mm×20mm。型钢混凝土框架柱内的型钢采用轧制 H 型钢，其最大截面尺寸为 350mm×350mm×10mm×15mm，一般截面尺寸为 300mm×300mm×10mm×15mm。

　　钢柱的接头位置设在楼板面以上 1.0m 高度处，按抗震构造要求，钢柱的接头，不宜设在同一楼层，该工程分别设在三个楼层，每层钢柱对接根数为钢柱总数的 1/3。钢梁与型钢混凝土柱的型钢之间采用刚性连接，钢梁的翼缘板与钢柱的连接，采用剖口熔透焊；腹板与焊于钢柱上的连接板之间，采用高强螺栓连接。现浇钢筋混凝土抗震墙沿楼层建筑平面中心及两端布置。楼层的结构平面布置与剖面分别如图 5-26（a）、图 5-26（b）所示。第三层设置两根斜柱，支撑四层以上的框架中柱，并将其所负荷载分别传递至第二层的框架边柱和混凝土核心筒。

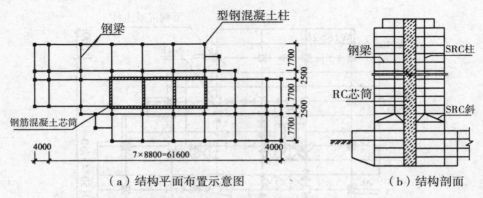

（a）结构平面布置示意图　　　　　　（b）结构剖面

图 5-26　香格里拉饭店型钢混凝土框架-抗震结构示意图（单位：mm）

三、型钢混凝土筒中筒组合结构工程实例

上海环球金融中心大厦主楼（图 5-27）总建筑面积为 $33.5 \times 10^4 \text{m}^2$，总高 460m，地下 3 层，地上 95 层，外貌如图 5-28 所示。塔楼下部为正方形建筑平面；塔楼中部和上部为六边形建筑平面。抗震设防烈度为 7 度，采用型钢混凝土筒中筒结构。外框筒由型钢混凝土梁和型钢混凝土柱构成；核心内筒由钢筋混凝土墙体构成，如图 5-29 所示；为了进一步提高外圈型钢混凝土框筒构件的延性和抗剪承载力，在框筒结构中剪力较大的部位增配 X 形钢筋。型钢混凝土框筒的立柱和窗裙梁的代表性截面如图 5-30 所示。根据地基勘察报告，把地面下 80m 深的细砂层作为该筒中结构的持力层，采用钢管桩和筏形基础。

图 5-27　上海环球金融中心大厦

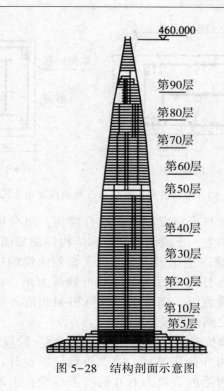

图 5-28　结构剖面示意图

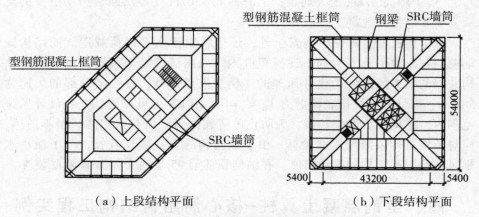

（a）上段结构平面　　　　　　　　（b）下段结构平面

图 5-29　上海环球金融中心大厦结构平面布置示意图（单位：mm）

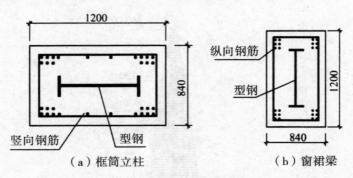

（a）框筒立柱　　　　　　　（b）窗裙梁

图 5-30　型钢混凝土框筒构件典型截面示意图

楼板采用压型钢板与现浇混凝土板组合楼板，组合楼板与钢梁组成钢与混凝土组合梁。结构上、下段结构平面和结构剖面如图 5-29 所示。内墙筒的高宽比约为 14，该高宽比值较大，为了抑制内筒的过大弯曲变形，并使外筒翼缘框架中央各柱更充分地参与抵抗倾覆力矩，在结构上、下段的各设备层或避难层，设置纵、横向刚性伸臂桁架和沿外框筒周边的环向桁架，以加强内、外筒之间的连接。

按照三水准两阶段抗震设计方法分别计算，第一阶段设计，按 7 度、Ⅳ类场地进行结构的内力和侧移验算。第二阶段抗震设计，考虑下列三种情况地震的影响，上海附近的震级为 6.0 的浅源地震；上海东方海域的震级 7.0、震中距离 37km 的大地震；上海西北 350km 处地层断裂错动引发的震级为 8.5 的特大地震。

除了在强度上确保结构安全外，还应将由于水平风荷载造成的结构振动控制在不致引起人们的不适感范围内。风洞试验结果表明，可能引发结构共振的临界风速约为设计风速的 4 倍。抗风计算，按大楼顶部的风速为 58m/s。据计算，结构底面剪力 $V_0 = 14 \times 10^4 kN$。可以确认，在设计风速范围内，结构不会发生共振。为防止风荷载作用下引起人们的风振不适感，应对结构进行风振加速度验算。由于该结构的自振周期较长，为了减小水平风荷载引起结构的振动幅值，在结构顶部第 95 层内安装 SSD 阻尼装置。

四、型钢混凝土翼柱-核心筒组合结构工程实例

上海浦东新区陆家嘴金融贸易区的上海金茂大厦如图 5-31 所示，由塔楼和裙房组成。总建筑面积为 $28 \times 10^4 m^2$，建筑总高度为 421m。塔楼平面呈八边形，外轮廓尺寸为 52.7 ～ 52.7m，立面呈宝塔形，结构顶部高度为 383m。塔楼的高宽比为 8.0，塔楼地下 3 层为车库；塔楼地上 88 层，塔楼

53 层以下部分用于办公，塔楼 53 层以上部分为五星级宾馆客房，第 88 层为观光层。该塔楼的结构剖面如图 5-32 所示，塔楼旅馆区段和办公区段的典型层结构平面如图 5-33（a）和图 5-33（b）所示。

图 5-31　上海金茂大厦

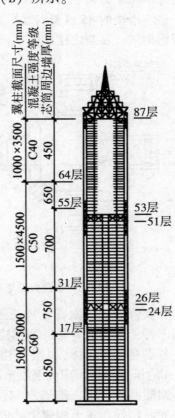

图 5-32　结构剖面示意图

　　塔楼主体结构采用型钢混凝土翼柱-核心筒结构，由基础底板到第 87 层为钢筋混凝土核心筒，平面尺寸为 27m×27m，为了增大结构的抗推刚度和受剪承载力，由基础底板至第 87 层的核心筒内部，在第 52 层以下，增设按井字形布置的钢筋混凝土腹板墙体。钢筋混凝土核心筒内纵、横钢筋混凝土墙体按井字形布置；建筑平面四边中部布置了八根型钢混凝土巨型翼柱；位于建筑平面四角布置了八根型钢巨柱；塔楼的竖向荷载由钢筋混凝土核心筒、八根型钢混凝土翼柱和八根型钢角柱共同承担。作用于整座塔楼的正向水平荷载，主要由钢筋混凝土核心筒、平行于荷载方向的三道各两榀伸臂钢桁架及与之连接的四根型钢混凝土巨型翼柱所组成的巨型框架承担。水平剪力主要由核心筒承担；为了连接核心筒与巨型翼柱，使翼柱参与抵抗倾覆力矩，在第 24～26 层、第 51～53 层、第 85～88 层，顺钢筋混凝土核心筒内墙轴线各设置一榀两层或三层楼高的伸臂钢桁架。巨型翼柱除承担重力荷载外，还承担倾覆力矩引起的轴向压力或轴向拉力。作用于整座塔楼的 45 度斜向水平荷载，由钢筋混凝土核心筒、各榀纵、横向伸臂钢桁架、及与之连接的八根型钢混凝土巨型翼柱共同承担。

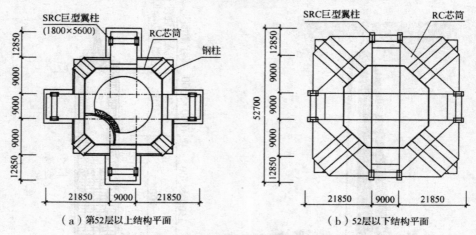

（a）第52层以上结构平面   （b）52层以下结构平面

图 5-33　金茂大厦塔楼结构平面布置示意图（单位：mm）

伸臂钢桁架（刚臂）埋置于核心筒的钢筋混凝土隔墙内，其上、下弦贯通于楼面全宽，并与巨型翼柱内的型钢暗柱相连接。

各层楼盖由钢梁和组合楼板构成。钢梁中心距为 4.5m，上覆肋高 75mm 的压型钢板，现浇混凝土后形成的组合楼板，其面板厚度为 80mm。

钢筋混凝土核心筒墙厚与型钢混凝土巨型翼柱截面尺寸的相对关系，是按照各构件在重力和侧力共同作用时的等应力设计准则来确定。16 层以下钢筋混凝土核心筒墙厚为 850mm，内隔钢筋混凝土墙厚 450mm；17～30 层钢筋混凝土核心筒墙厚为 750mm；30 层以下混凝土强度等级为 C60；31～54 层钢筋混凝土核心筒墙厚为 700mm，55～63 层钢筋混凝土核心筒墙厚为 650mm；31～63 层混凝土强度等级为 C50；64～87 层钢筋混凝土核心筒墙厚为 450mm，混凝土强度等级为 C40。30 层以下型钢混凝土翼柱截面尺寸为 1500mm×5000mm，混凝土强度等级为 C60；31～63 型钢混凝土翼柱截面尺寸为 1000mm×4500mm，混凝土强度等级为 C50；64～87 层型钢混凝土翼柱截面尺寸为 1000mm×3500mm，混凝土强度等级为 C40，型钢混凝土翼柱配筋率 1%，含钢率 1%～2%。

上海金茂大厦结构抗震设计第一阶段按 7 度抗震设防、场地按Ⅳ类考虑，计算出的结构底面地震剪力为 28460kN 和最大弹性层间侧移角为

1/750。核心筒的剪切变形和弯曲变形、巨型翼柱的压缩、伸臂桁架各杆件的轴向变形对结构的侧移起控制作用。塔楼在风荷载作用下，当仅考虑核心筒单独工作时，侧移数值较大；考虑型钢混凝土巨型翼柱通过伸臂钢桁架与核心筒共同抵抗倾覆力矩时，其侧移约减小到单独核心筒的 1/3；钢筋混凝土核心筒的剪切变形数值很小。

　　基础筏板坐落在中心距 2.7m、长 65m、打入埋深−85m 砂层内的 429 根钢管桩上。钢管直径为 914mm，壁厚 20mm，单桩承载力为 7500kN。根据塔楼设计重力荷载（$3.05×10^6$kN）、桩长和地基土质状况计算，塔楼地基的预期沉降量为 50mm。八边形钢筋混凝土筏形基础平板的平面尺寸为 62mm×62mm，平板厚度为 4m，采用 C50 混凝土浇筑，内配多层 φ35mm 间距 300～600mm 的钢筋束；弯矩最大处，最多配置 10 层钢筋。为防止基础因温度变化和混凝土收缩而产生裂缝，在板面配置两层 φ8@100 钢筋网；在板底，至少配置两层受力钢筋。

　　用作强风地区特高层建筑房的主体结构，为了获得足够的抗推刚度、较大的阻尼比、较小的风振加速度，采用型钢混凝土结构比钢结构更有效、更经济。

第六章 钢管混凝土组合结构设计

本章在简明阐述钢管混凝土组合结构的基本概念的基础上，主要围绕圆钢管混凝土组合结构设计、方钢管混凝土组合结构设计、钢管混凝土组合结构的构造要求展开讨论，最后进一步分析讨论了钢管混凝土组合结构的工程应用实例。

第一节 钢管混凝土组合结构的概念

钢管混凝土是指在钢管中填充混凝土而形成的构件，按截面形式不同，可分为方钢管混凝土、圆钢管混凝土和多边形钢管混凝土等，工程中常用的几种截面形式有圆形、正方形和矩形，如图6-1所示。

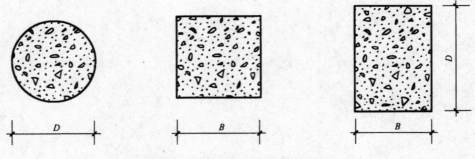

图6-1 钢管混凝土常用截面形式

一、钢管混凝土结构的组成

（一）钢管混凝土杆件

钢管混凝土杆件，是指在钢管内灌填混凝土所形成的组合杆件（图6-2）。早期的钢管混凝土杆件采用圆钢管［图6-2（a）］，它是借鉴钢筋混凝土圆柱中螺旋箍筋对核心混凝土的约束作用，结合型钢混凝土组合杆件特征，融合、演变而成的。随着钢管混凝土柱在高层建筑中的应用日益广泛，而高层建筑的平面、体形和使用功能又日趋多样化，单一的圆形钢管混凝土柱已不能满足要求，方形、矩形以至 T 形、L 形截面[图 6-2（b）、图 6-2（c）、图 6-2（h）]等异形钢管混凝土柱，也已在高层建筑中得到应用。

对于特大荷载的大截面圆钢管混凝土柱，为了避免钢管壁过厚，也可考虑在柱截面内部增设一个较小直径钢管，即二重钢管混凝土柱[图 6-2（d）]，内钢管的直径一般取外钢管直径的 3/4。对于大截面方形、矩形、T 形、L 形钢管混凝土柱，为强化钢管对内部混凝土的约束作用，并延缓管壁钢板的局部屈曲，宜加焊水平加劲肋[图 6-2（e）]，或按一定间距设置水平拉杆[图 6-2（g）、图 6-2（h）]，此外，为了加强钢管内壁与混凝土的黏结，在内壁加焊一定数量的栓钉。

圆钢管多由钢板以螺旋方式卷制焊接而成；方形、矩形及异形钢管[图 6-2（h）]，则由多块钢板拼合焊接而成。

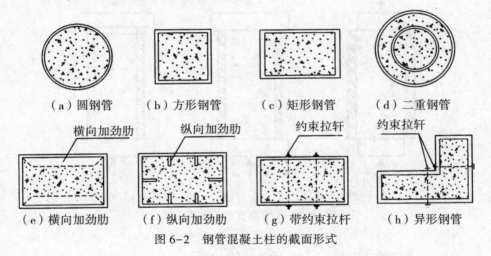

（a）圆钢管　　　（b）方形钢管　　　（c）矩形钢管　　　（d）二重钢管

（e）横向加劲肋　　（f）纵向加劲肋　　（g）带约束拉杆　　（h）异形钢管

图 6-2　钢管混凝土柱的截面形式

（二）钢管混凝土结构

钢管混凝土结构，是指主要构件采用钢管混凝土杆件所形成的结构。

在高层建筑中，钢管混凝土框架或框筒，是以钢管混凝土柱与钢梁、型钢混凝土梁或钢筋混凝土梁构成的。

高层建筑采用大型支撑时，为了提高支撑斜杆的轴压承载力和稳定性，往往在斜杆的矩形钢管内充填高强、高性能混凝土，形成钢管混凝土组合杆件。

二、钢管混凝土的力学性能

钢管混凝土在荷载作用下的传力路径和应力状态十分复杂，它涉及加载工况等诸多因素，加载工况直接影响到钢管与混凝土的相互作用。这些复杂多变的情况可归纳为图6-3所示的三种加载方式：

（1）A式加载。荷载直接施加于核心混凝土上，钢管不直接承受纵向荷载。

（2）B式加载。时间端面齐平，荷载同时施加于钢管和核心混凝土上。

（3）C式加载。试件的钢管预先单独承受荷载，直至钢管被压缩（应变限制在弹性范围内）到核心混凝土齐平后，方与核心混凝土共同承受荷载。

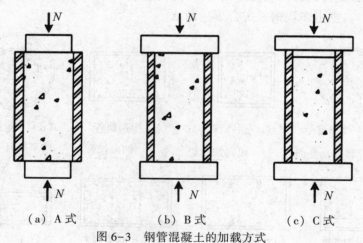

（a）A式   （b）B式   （c）C式

图6-3 钢管混凝土的加载方式

三、钢管混凝土结构的优点

与钢筋混凝土柱和钢管柱相比，钢管混凝土结构柱具有以下特点：

（1）承载力高。钢管混凝土柱中，钢管对其内部混凝土的约束作用使混凝土处于围压状态，可延缓混凝土受压时的纵向开裂，提高了混凝土的抗压强度；钢管内部的混凝土又可以有效地防止钢管发生局部屈曲。两种材料相互弥补了彼此的弱点，却可以充分发挥各自的长处，从而使钢管混凝土具有很高的承载能力。

（2）塑性和韧性好，抗震性能优越。混凝土的脆性相对较大，对于高强度混凝土更是如此。如果将混凝土灌入钢管中形成钢管混凝土，核心混凝土在钢管的约束下，不但在使用阶段改善了它的弹性性质，而且在破坏时具有较大的塑性变形。此外，这种结构在承受冲击荷载和振动荷载时，也具有很好的韧性。钢管和混凝土之间的相互作用使钢管内部混凝土的破坏由脆性破坏转变为塑性破坏，构件的延性性能明显改善，耗能能力大大提高，具有优越的抗震性能。

（3）耐火性能较好。火灾下，由于核心混凝土可吸收钢管传来的热量，从而使其外包钢管的升温滞后，这样钢管混凝土中钢管的强度损失要比纯钢结构相对更小，而钢管也可以保护混凝土不发生爆裂现象。火灾作用下，随着外包钢管温度的不断升高，其承载能力会不断降低，并把卸下的荷载传递给升温较慢、且具有较高强度的核心混凝土。这样由于组成钢管混凝土的钢管和其核心混凝土之间具有相互贡献、协同互补和共同工作的优势，使这种结构具有较好的耐火性能。

（4）钢管混凝土柱外形美观。由于圆形钢管混凝土的外形，不论是高层建筑的大堂还是拱桥、桥墩，均可以带来良好的美学效果，受到建筑师的青睐。

由于钢管混凝土具有以上一系列优点，因此在工业厂房、高层建筑、大跨度桥梁结构及多层住宅结构体系中得到了大量应用。

四、钢管与混凝土共同工作

钢管混凝土能够更有效地发挥钢材和混凝土两种材料各自的优点，同时克服了钢管结构容易发生局部屈曲的缺点。混凝土的抗压强度高，但抗弯能力很弱，而钢管的抗弯能力强，具有良好的弹塑性，但在受压时容易失稳而丧失轴向抗压能力。而钢管混凝土在结构上能够将二者的优点结合在一起，可使混凝土处于侧向受压状态，其抗压强度可显著提高。同时由于混凝土的存在，提高了钢管的刚度，两者共同发挥作用，从而大大地提高了受压承载能力。

第二节 圆钢管混凝土组合结构设计

一、《钢管混凝土结构技术规范》（GB 50936—2014）中基于统一理论的设计方法

该设计方法以钢管混凝土统一理论为基础，认为钢管混凝土在各种荷载作用下的工作性能随着材料的物理参数、统一体的几何参数和截面形式及应力状态的改变而改变，把钢管和混凝土看作一种单一的材料来研究其组合性能。钢管混凝土的承载力是统一的组合承载力，而不是钢管和混凝土两部分承载力的简单叠加。

承载力计算公式建立在钢材和混凝土应力-应变关系模型的基础上。钢材的应力-应变关系分为弹性阶段、弹塑性阶段、塑性强化阶段和二次塑流几个阶段。对于核心混凝土，通过大量轴压短柱试验，在充分考虑套箍系数、钢材强度和混凝土强度影响的基础上，提出了钢管混凝土的强度指标设计值。轴压短柱整体的应力-应变曲线可分为弹性阶段、弹塑性阶段、塑性强化阶段（或下降阶段），如图 6-4 所示。通过分析，得到构件在各个阶段的数学表达式，由此确定弹性阶段的组合弹性模量 E_{sc}、弹塑性阶段的组合切线模量 E_{sct} 和强化阶段的组合强化模量 E_{sch}，进而得到轴心受压构件的强度承载力。在此基础上对中长柱的性能进行分析，通过大量的参数分析并结合试验结果，给出构件 1/1000 初始挠度时的稳定承载力，得出长细比和稳定系数的相关曲线。

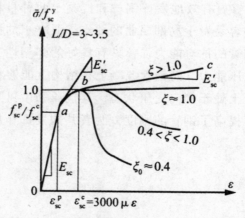

图 6-4 钢管混凝土轴压短柱应力-应变关系曲线

（一）轴心受压短柱的承载力

将钢管混凝土看成一种组合材料，钢管混凝土组合轴心受压强度设计值可按下式计算：

$$f_{sc} = (1.212 + \eta_s\xi_0 + \eta_c\xi_0^2)f_c \qquad (6-1)$$

$$\eta_s = \frac{0.176f_y}{213} + 0.974 \qquad (6-2)$$

$$\eta_c = -\frac{-0.104f_{ck}}{14.4} + 0.031 \qquad (6-3)$$

$$\xi_0 = \frac{A_sf}{A_cf_c} \qquad (6-4)$$

式中：f_{sc} 为钢管混凝土组合轴心受压强度设计值，可查表 6-1；f_{ck}、f_c 分别为混凝土轴心抗压强度的标准值和设计值；f_y、f 分别为钢材强度的标准值和设计值；ξ_0 为钢管混凝土套箍系数设计值，不宜小于 0.5；η_s、η_c 分别为考虑钢材和混凝土强度的影响系数。

表 6-1　钢管混凝土的抗压强度设计值

钢材	混凝土强度等级	含钢率 α							
		0.04	0.06	0.08	0.1	0.12	0.14	0.16	0.18
Q235	C30	26.2	30.5	34.5	38.4	42.1	45.6	49.0	52.2
	C40	32.0	36.2	40.2	44.0	47.6	51.0	54.2	57.3
	C50	36.9	41.0	44.9	48.7	52.3	55.6	58.8	61.8
	C60	42.2	46.3	50.2	53.9	57.5	60.8	63.9	66.8
	C70	47.4	51.5	55.4	59.1	62.6	65.9	69.0	71.8
	C80	52.3	56.4	60.3	64.0	67.5	70.8	73.8	76.7
Q345	C30	30.2	36.2	41.8	47.1	52.1	56.8	61.2	65.2
	C40	36.0	41.8	47.4	52.5	57.3	61.8	65.9	69.7
	C50	40.8	46.6	52.1	57.2	61.9	66.2	70.2	73.8
	C60	46.1	51.9	57.3	62.3	67.0	71.2	75.1	78.6
	C70	51.3	57.0	62.4	67.4	72.0	76.2	80.0	83.4
	C80	56.2	62.0	67.3	72.3	76.8	81.0	84.7	88.1

钢材	混凝土强度等级	含钢率 α							
		0.04	0.06	0.08	0.1	0.12	0.14	0.16	0.18
Q390	C30	32.6	39.6	46.1	52.2	57.9	63.2	68.1	72.5
	C40	38.3	45.2	51.6	57.5	62.9	67.9	72.4	76.5
	C50	43.1	49.9	56.2	62.0	67.4	72.2	76.5	80.4
	C60	48.4	55.2	61.4	67.1	72.4	77.1	81.3	85.0
	C70	53.6	60.1	66.5	72.2	77.3	82.0	86.1	89.7
	C80	58.5	65.2	71.4	77.0	82.1	86.7	90.7	94.2
Q420	C30	34.1	41.7	48.9	55.5	61.7	67.3	72.4	77.1
	C40	39.8	47.3	54.3	60.7	66.5	71.8	76.5	80.7
	C50	44.6	52.0	58.9	65.2	70.8	75.9	80.5	84.4
	C60	49.9	57.3	64.1	70.2	75.8	80.8	85.1	88.9
	C70	55.1	62.4	69.1	75.2	80.7	85.6	89.8	93.5
	C80	60.0	67.3	74.0	80.1	85.5	90.3	94.5	98.0

从 f_{sc} 的计算公式中可以看出，组合强度主要和套箍系数有关。随着套箍系数的增大，承载力迅速提高。

对应圆钢管混凝土轴心受压短柱的承载力 N_{cr} 为

$$N_{cr} = f_{sc} A \qquad (6-5)$$

$$A = A_s + A_c \qquad (6-6)$$

式中：A 为钢管混凝土的截面面积。

（二）轴心受压中长柱的稳定承载力

随着构件高度的增加，在截面无削弱的情况下，构件的承载力从由强度控制逐渐过渡到由稳定控制。统一管理中把钢管和混凝土看成一种材料，构件的长细比表示如下

$$\lambda = \frac{L_0}{i} \qquad (6-7)$$

$$i = \sqrt{\frac{I}{A}} \qquad (6-8)$$

$$I = \frac{\pi D^2}{64} \tag{6-9}$$

$$A = \frac{\pi D^2}{4} \tag{6-10}$$

由式（6-7）~式（6-10）可以推出

$$\lambda_{sc} = \frac{4L_0}{D} \tag{6-11}$$

式中：λ_{sc} 为构件长细比；L_0 为两端铰接钢管混凝土的计算长度，且中部无横向荷载作用；i 为钢管混凝土的截面回转半径；I 为钢管混凝土截面惯性矩；D 为圆钢管外直径，$D = d_c + 2t$。

轴心受压构件的稳定承载力可由下式计算

$$N_u = \varphi N_{cr} \tag{6-12}$$

式中：N_u 为轴心受压构件的稳定承载力；φ 为轴心受压构件的稳定系数，按式（6-13）计算，也可按表 6-2 取值。

$$\varphi = \frac{1}{2\,\overline{\lambda}_{sc}^2}\left[\overline{\lambda}_{sc}^2 + 1 + 0.25\,\overline{\lambda}_{sc} - \sqrt{(\overline{\lambda}_{sc}^2 + 1 + 0.25\,\overline{\lambda}_{sc})^2 - 4\,\overline{\lambda}_{sc}^2}\,\right]$$

$$\tag{6-13}$$

$$\overline{\lambda}_{sc} = \frac{\lambda_{sc}}{\pi}\sqrt{\frac{f_{sc}}{E_{sc}}} \approx 0.01\lambda_{sc}(0.001f_y + 0.781) \tag{6-14}$$

式中：$\overline{\lambda}_{sc}$ 为构建的正规化长细比。

表 6-2　轴心受压构件的稳定系数

$\lambda_{sc}(0.001f_y + 0.781)$	φ	$\lambda_{sc}(0.001f_y + 0.781)$	φ
0	1.000	130	0.440
1	0.975	140	0.394
20	0.951	150	0.353
30	0.924	160	0.318
40	0.896	170	0.287
50	0.863	180	0.260
60	0.824	190	0.236
70	0.779	200	0.216
80	0.728	210	0.198

$\lambda_{sc}(0.001f_y + 0.781)$	φ	$\lambda_{sc}(0.001f_y + 0.781)$	φ
90	0.670	220	0.181
100	0.610	230	0.167
110	0.549	240	0.155
120	0.492	250	0.143

注：表内中间值可由线性内插法得到。

（三）受弯构件的承载力

钢管混凝土抗弯承载力 M_u 可按下式计算

$$M_u = \gamma_m W_{sc} f_{sc} \tag{6-15}$$

式中：M_u 为钢管混凝土截面抗弯承载力；γ_m 为塑性发展系数，取 1.2；W_{sc} 为构件截面的截面模量，mm^3，$W_{sc} = \pi D^3/32$。

（四）偏压构件的稳定承载力

钢管混凝土构件承受压力和弯矩的共同作用时，当 $\dfrac{N}{N_u} \geqslant 0.255$ 时，构件的承载力按下式计算

$$\frac{N}{N_u} + \frac{\beta_m M}{1.5M_u(1 - 0.4N/N'_E)} \leqslant 1 \tag{6-16}$$

当 $\dfrac{N}{N_u} < 0.255$ 时，构件的承载力按下式计算

$$-\frac{N}{2.17N_u} + \frac{\beta_m M}{M_u(1 - 0.4N/N'_E)} \leqslant 1 \tag{6-17}$$

式中：N、M 分别为作用于构件上的轴心压力和弯矩；β_m 为等效弯矩系数，按《钢结构设计规范》（GB 50017—2017）执行；N_u 为钢管混凝土的轴压稳定承载力设计值，按式（6-12）计算；M_u 为钢管混凝土的抗弯承载力设计值，按式（6-15）计算；N'_E 为系数，$N'_E = \pi^2 E_{sc} A/(1.1\lambda_{sc}^2)$，$E_{sc}$ 为混凝土的弹性模量，$E_{sc} = 1.3k_E f_{sc}$，k_E 为钢管混凝土轴压弹性模量换算关系，按表 6-3 取值。

表 6-3　轴压弹性模量换算系数 k_E 值

钢材	Q235	Q345	Q390	Q420
k_E	918.9	719.6	657.5	626.9

（五）钢管混凝土受拉构件及拉弯构件的承载力

对于圆钢管混凝土受拉构件，由于混凝土的拉应力很小，在拉力作用下很快退出工作，因此不考虑混凝土对抗拉承载力的贡献。但钢管混凝土中核心混凝土的存在限制了钢管的径向变形，此时钢管处于双向受拉的平面受力状态，钢管的纵向极限抗拉应力要高于钢材的屈服强度，故双向受拉时取钢管的纵向抗拉应力为钢材屈服强度的 1.1 倍。对应圆钢管混凝土的抗拉承载力 N_t 为

$$N_t = 1.1fA_s \tag{6-18}$$

当钢管混凝土承受拉力和弯矩的共同作用时，对应的承载力验算公式为

$$\frac{N}{1.1A_s f} + \frac{M}{\gamma_m W_{sc} f_{sc}} \leqslant 1 \tag{6-19}$$

二、《钢管混凝土结构技术规范》（GB 50936—2014）中基于极限平衡理论的设计方法

（一）轴心受压短柱的截面强度

当 $\xi_0 \leqslant 1/(\alpha-1)^2$ 时，圆钢管混凝土的轴心受压短柱的承载力可按下式计算

$$N_{cr} = 0.9f_c A_c (1 + \alpha\xi_0) \tag{6-20}$$

当 $\xi_0 > 1/(\alpha-1)^2$ 时，圆钢管混凝土的轴心受压短柱的承载力可按下式计算

$$N_{cr} = 0.9f_c A_c \left(1 + \sqrt{\xi_0} + \xi_0\right) \tag{6-21}$$

式中：α 为与混凝土强度等级有关的系数，按表 6-4 取值。

表 6-4　系数 α

混凝土强度等级	≤C50	C50～C80
α	2.0	1.8

（二） 轴心受压构件的稳定承载力

圆钢管混凝土构建的稳定承载力 N_u 可按下式计算：

$$N_u = \varphi_1 N_{cr} \tag{6-22}$$

式中：φ_1 为考虑构件高度影响的稳定系数。

构件的高径比小于 4 时为轴压短柱；大于 4 时考虑构件的整体稳定对承载力降低的影响，以高径比 30 为界限又划分为两个阶段。当 $L_0/D \leqslant 4$ 时

$$\varphi_1 = 1 \tag{6-23}$$

当 $4 < L_0/D \leqslant 30$ 时

$$\varphi_1 = 1 - 0.0226\left(\frac{L_0}{D} - 4\right) \tag{6-24}$$

当 $L_0/D > 30$ 时

$$\varphi_1 = 1 - 0.115\sqrt{\frac{L_0}{D} - 4} \tag{6-25}$$

式中：D 为钢管的外径；L_0 为柱的等效计算长度，按式（6-26）计算。

$$L_0 = \mu k L \tag{6-26}$$

式中：L 为柱的实际长度；μ 为考虑柱端约束条件的计算长度系数，应按《钢结构设计规范》（GB 50017—2017）执行；k 为考虑柱身弯矩分布梯度影响的等效长度系数，按下列公式计算。

（1）对于轴心受压柱和杆件 ［图 6-5（a）］

$$k = 1 \tag{6-27}$$

（2）对于无侧移框架柱 ［图 6-5（b）、（c）］

$$k = 0.5 + 0.3\beta + 0.2\beta^2 \tag{6-28}$$

（3）对于有侧移框架柱 ［图 6-5（d）］ 和悬臂柱 ［图 6-5（e）、（f）］：

当 $e_0/r_c \leqslant 0.8$ 时

$$k = 1 - 0.625\frac{e_0}{r_c} \tag{6-29}$$

当 $e_0/r_c > 0.8$ 时

$$k = 0.5 \tag{6-30}$$

当自由端有力矩 M_1 作用时

$$k = \frac{1 + \beta_1}{2} \tag{6-31}$$

将式（6-29）与式（6-31）所得 k 值进行比较，取其中的较大值。式中，β

为等效弯矩系数，柱两端弯矩设计值中的较小者 M_1 与较大者 M_2 的比值（$|M_1| \leq |M_2|$），即为 M_1/M_2，单曲压弯时，β 为正值，双曲压弯时，β 为负值。β_1 为悬臂柱自由端力矩设计值 M_1 与嵌固端弯矩设计值 M_2 的比值，当 β_1 为负值（双曲压弯）时，L 则按反弯点分割成的高度为 L_2 的子悬臂柱计算［图 6-5（f）］。

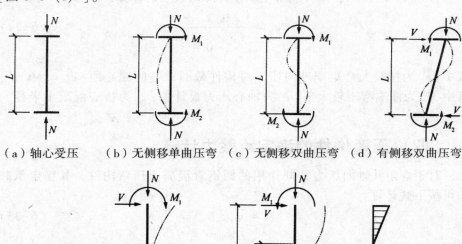

（a）轴心受压　（b）无侧移单曲压弯　（c）无侧移双曲压弯　（d）有侧移双曲压弯

（e）单曲压弯　　　　（f）双曲压弯

图 6-5　框架柱及悬臂柱计算简图

需要注意的是：

（1）无侧移框架是指框架中设有支撑架、剪力墙、电梯井等支撑结构，且其抗侧移刚度不小于框架抗侧移刚度的 5 倍。有侧移框架是指框架中未设上述支撑结构，或支撑结构的抗侧移刚度小于框架抗侧移刚度的 5 倍。

（2）嵌固端是指相交于柱的横梁的线刚度与柱线刚度的比值不小于 4 者，或柱基础的长和宽均不小于柱直径 4 倍者。

（三）压弯构件的截面承载力计算

在轴心受压构件承载力的基础上，通过考虑偏心率对构件承载力的降低系数 φ_e 来计算偏心受压构件的稳定承载力，即：

$$N = \varphi_e N_{cr} \tag{6-32}$$

当偏心受力时，若 $e_0/r_c \leq 1.55$，钢管混凝土承载力降低系数的计算公

式如下

$$\varphi_e = \frac{1}{1 + 1.85\dfrac{e_0}{r_c}} \tag{6-33}$$

若 $e_0/r_c > 1.55$，钢管混凝土承载力降低系数的计算公式如下

$$\varphi_e = \frac{0.3}{\dfrac{e_0}{r_c} - 0.4} \tag{6-34}$$

式中：e_0 为柱较大弯矩端轴向压力对构件截面重心的偏心距，$e_0 = M_2/N$，其中 M_2 为柱端弯矩较大值，N 为轴心压力设计值；r_c 为核心混凝土半径，$r_c = d_c/2$。

（四）压弯构件的稳定承载力计算

对于弯矩和轴向压力共同作用的圆钢管混凝土压弯构件，其稳定承载力可按下式计算：

$$N = \varphi_1 \varphi_e N_{cr} \tag{6-35}$$

三、圆钢管混凝土柱强度提高系数计算法

（一）思路与方法

圆钢管混凝土柱的受压承载力，等于钢管受压承载力与内填混凝土强度提高后受压承载力之和。此方法实质上相当于配有螺旋箍筋钢筋混凝土柱的承载力计算方法。

（二）具体计算方法

（1）轴心受压柱。圆钢管混凝土轴心受压柱的承载力设计值 N 应满足下式要求

$$N \leqslant \varphi(fA_s + k_1 f_c A_c) \tag{6-36}$$

式中：f_c、A_c 分别为管内混凝土轴心抗压强度设计值及截面面积；k_1 为由钢管约束作用引起的混凝土抗压强度提高系数；φ 为圆钢管混凝土轴心受压柱的稳定系数。

（2）偏心受压柱。圆钢管混凝土偏心受压柱的承载力设计值 N 应满足下式要求

$$N \leqslant r\varphi_e(fA_s + k_1 f_c A_c) \tag{6-37}$$

$$r = 1.124 - \frac{2t}{D} - 0.0003f \tag{6-38}$$

$$e_0 = \frac{M}{N} \tag{6-39}$$

式中：φ_e 为圆钢管混凝土偏心柱的承载力折减系数；r 为 φ_e 的修正系数；M、N 分别为外荷载作用下在柱内产生的最大弯矩设计值及相应的轴心压力设计值；t、D 分别为钢管臂的厚度和外直径；e_0 为圆钢管柱的偏心距。

第三节 方钢管混凝土组合结构设计

一、方钢管混凝土轴心受压构件承载力计算

方钢管混凝土轴心受压强度承载力按下式计算，即

$$N \leqslant f_{sc}A_{sc} \tag{6-40}$$

式中：A_{sc} 为方钢管混凝土构件组合截面面积；f_{sc} 为组合强度设计值，按下式计算，即

$$f_{sc} = (1.212 + B\xi_0' + C\xi_0^2)f_c \tag{6-41}$$

式中：B、C 为计算系数，$B = 0.138f_y/235 + 0.7646$，$C = -0.0727f_{ck}/15 + 0.0216$；$\xi_0$ 为钢管混凝土构件截面的套箍系数设计值，按下式计算，即

$$\xi_0 = \alpha_s \frac{f}{f_c} = \frac{A_s}{A_c} \frac{f}{f_c} \tag{6-42}$$

式中：f、f_c 分别为钢材和混凝土的抗压强度设计值；A_s、A_c 分别为钢管和混凝土的截面面积。

方钢管混凝土轴心受压稳定承载力按下式计算，即

$$N \leqslant \varphi f_{sc}A_{sc} \tag{6-43}$$

式中：φ 为钢管混凝土轴心受压构件稳定系数。

二、方钢管混凝土纯弯构件承载力计算

方钢管混凝土纯弯构件承载力按下列公式计算，即

$$M \leqslant \gamma_m W_{sc}f_{sc} \tag{6-44}$$

式中：M 为构件弯矩设计值；γ_m 为受弯构件截面塑性发展系数，$\gamma_m = -0.2428\xi + 1.4103\sqrt{\xi}$；$W_{sc}$ 为钢管混凝土截面抗弯模量，$W_{sc} = B^3/6$；f_{sc} 为组合强度设计值。

三、方钢管混凝土单向压弯构件承载力计算

钢管混凝土构件在一个平面内承受轴力和弯矩时，强度承载力按下列公式计算：

（1）当 $N/A_{sc} \geqslant k_f f_{sc}$ 时

$$\frac{N}{N_0} + \frac{M(1-k_t)}{M_0} \leqslant 1 \qquad (6-45)$$

（2）当 $N/A_{sc} < k_f f_{sc}$ 时

$$\frac{2.797bN^2}{N_0^2} - \frac{1.124cN}{N_0} + \frac{M}{M_0} \leqslant 1 \qquad (6-46)$$

构件稳定承载力按下列公式计算：

（1）当 $N/A_{sc} \geqslant \varphi^3 k_f f_{sc}$ 时

$$\frac{N}{\varphi N_0} + \frac{\beta_m M(1-k_f \varphi^2)}{k_n M_0} \leqslant 1 \qquad (6-47)$$

（2）当 $N/A_{sc} < \varphi^3 k_f f_{sc}$ 时

$$\frac{2.797bN^2}{\varphi^3 N_0^2} - \frac{1.124cN}{N_0} + \frac{\beta M}{k_n M_0} \leqslant 1 \qquad (6-48)$$

式中：N、M 分别为轴力和弯矩设计值；φ 为轴压稳定系数；N_E 为欧拉临界力，$N_E = \pi^2 E_{sc} A_{sc}/\lambda^2$；$N_0$ 为截面强度承载力，$N_0 = f_{sc} A_{sc}$；M_0 为截面抗弯强度承载力，$M_0 = \gamma_m f_{sc} W_{sc}$；$\beta_m$ 为等效弯矩系数，按《钢结构设计规范》（GB 50017—2017）规定方法计算。

系数 a、b、c、k_n、k_f 按下列公式计算，即

$$a = (f_c/15)^{0.65} (215/f_y)^{0.38} (0.1/\alpha_s)^{0.45} \qquad (6-49)$$

$$b = (f_c/15)^{0.16} (215/f_y)^{0.89} (0.1/\alpha_s)^{0.5} \qquad (6-50)$$

$$c = (f_c/15)^{0.81} (215/f_y)^{1.27} (0.1/\alpha_s)^{0.95} \qquad (6-51)$$

$$k_n = 1 - 0.25N/N_E \qquad (6-52)$$

$$k_f = 0.402a \qquad (6-53)$$

四、方钢管混凝土双向压弯构件承载力计算

钢管混凝土构件同时承受压力 N_x、x 向的弯矩 M_x、y 向的弯矩 M_y 时，为双向压弯构件。其强度承载力按下式公式计算：

（1）当 $N/A_{sc} \geqslant k_f f_{sc}$ 时

$$\frac{N}{N_0} + \frac{\sqrt[1.8]{M_x^{1.8} + M_y^{1.8}}(1 - k_t)}{M_0} \leqslant 1 \tag{6-54}$$

（2）当 $N/A_{sc} < k_f f_{sc}$ 时

$$\frac{2.797bN^2}{N_0^2} - \frac{1.124cN}{N_0} + \frac{\sqrt[1.8]{M_x^{1.8} + M_y^{1.8}}}{M_0} \leqslant 1 \tag{6-55}$$

构件稳定承载力按下列公式计算：

（1）当 $N/A_{sc} \geqslant \varphi^3 k_f f_{sc}$ 时

$$\frac{N}{\varphi N_0} + \frac{\beta_m \sqrt[1.8]{M_x^{1.8} + M_y^{1.8}}(1 - k_f \varphi^2)}{k_n M_0} \leqslant 1 \tag{6-56}$$

（2）当 $N/A_{sc} < \varphi^3 k_f f_{sc}$ 时

$$\frac{2.797bN^2}{\varphi^3 N_0^2} - \frac{1.124cN}{N_0} + \frac{\beta \sqrt[1.8]{M_x^{1.8} + M_y^{1.8}}}{k_n M_0} \leqslant 1 \tag{6-57}$$

式中符号及意义同单向压弯构件。

五、方钢管混凝土组合弹性模量计算

（1）方钢管混凝土单肢柱组合抗压模量计算。由钢管混凝土轴心受压时的应力-应变曲线，可以获取弹性阶段的组合抗压弹性模量

$$E_{sc} = f_{sc}^p / \varepsilon_{sc}^p \tag{6-58}$$

式中：组合比例极限 f_{sc}^p 按下式计算，即

$$f_{sc}^p \leqslant \left(0.263 \times \frac{f_y}{235} + 0.365 \times \frac{30}{f_{cu}} + 0.104\right) f_{sc} \tag{6-59}$$

组合比例极限对应的应变值按下式计算，即

$$\varepsilon_{sc}^p = 3.01 \times 10^{-6} f_y \tag{6-60}$$

式中：f_y、f_{cu} 分别为钢管的屈服强度和混凝土立方体抗压强度，均以 N/mm^2 代入计算。

（2）方钢管混凝土单肢柱组合抗弯模量计算。钢管混凝土组合抗弯弹性模量按下式计算，即

$$E_{scm} = K_2 E_{sc} \tag{6-61}$$

式中：K_2 为换算系数，与混凝土强度等级和含钢率有关。

第四节　钢管混凝土组合结构的构造要求

一、钢管

钢管混凝土可采用螺旋焊接钢管、直缝焊接钢管或无缝钢管。一般情况下宜采用螺旋焊接钢管，当螺旋焊接钢管的规格不能满足要求或所需钢管壁厚较大时，可采用钢板卷成的直缝焊接钢管，但应采用对接坡口焊接，不允许采用钢板搭接的角焊缝。无缝钢管的造价较高，且管壁相对较厚，若非必要不宜采用。

焊接钢管必须采用双面或单面 V 形坡口全熔透对接焊缝，确保焊缝强度不低于钢管强度；直缝、环缝和螺旋缝的焊接质量均应符合《钢结构工程施工质量验收规范》（GB 50205—2001）中一级焊缝标准。现场安装分段接头的受压环焊缝，应符合二级焊缝的标准。

钢管所用的钢材应采用屈强比小于 0.8 的 Q235 或 Q345 钢，也可采用 Q390 钢或 Q420 钢。钢管壁的厚度 t 应不小于 8mm，也不宜大于 25mm。钢管的外径 D 不宜小于 100mm，钢管的外径与壁厚之比 D/t 宜在 $20 \sim 70$ 之间，一般承重柱在 70 左右，桁架杆件在 25 左右。

钢管混凝土的含钢率 ρ_s 是钢管截面面积 A_s 与内填混凝土截面面积 A_c 的比值，即 $\rho_s = A_s/A_c$。对于常用的钢管混凝土构件，其含钢率 $\rho_s \approx 4t/D$。钢管混凝土构件的含钢率 ρ_s 应不小于 4%，对于 Q235 钢，宜取 4%～16%；对于 Q345 钢，宜取 4%～12%；一般情况下，比较合适的含钢率为 6% ～ 10%。

为了防止钢管壁发生局部屈曲，圆钢管混凝土受压杆件的径厚比不宜超过表 6-5 规定的限值。

表 6-5　圆钢管混凝土的钢管径厚比限值

钢号	Q235	Q345	Q390
径厚比（D/t）	$20 \sim 90$	$20 \sim 61$	$20 \sim 54$

矩形钢管混凝土构件的截面最小边尺寸不宜小于 100mm，钢管壁厚度不宜小于 4mm；截面的高宽比 h/b 不宜大于 2。当有可靠依据时，尺寸限值及边长比限值可适当放宽。当矩形钢管混凝土构件截面最大边尺寸不小于 800mm 时，宜采用在柱子内壁上焊接栓钉、纵向加劲肋等构造措施。

矩形钢管混凝土柱应在每层钢管底部管壁上对称开两个排气孔，孔径一般为 20mm。

矩形钢管混凝土构件中，钢管管壁板件的宽厚比 b/t 和 h/t 应不大于表 6-6 规定的限值，符号意义如图 6-6 所示。

表 6-6　矩形钢管管壁板件宽厚比限值

构件类别	轴压	弯曲	压弯
b/t	60ε	60ε	60ε
h/t	60ε	150ε	当 $0 < \varphi \leqslant 1$ 时，$30(0.9\varphi^2 - 1.7\varphi + 2.8)\varepsilon$ 当 $-1 < \varphi \leqslant 0$ 时，$30(0.74\varphi^2 - 1.44\varphi + 2.8)\varepsilon$

注：① $\varepsilon = \sqrt{235/f_y}$，$f_y$ 为钢材的屈服强度；② $\varphi = \sigma_2/\sigma_1$，$\sigma_2$ 和 σ_1 分别为构件最外边缘最大、最小应力，压应力为正，拉应力为负。

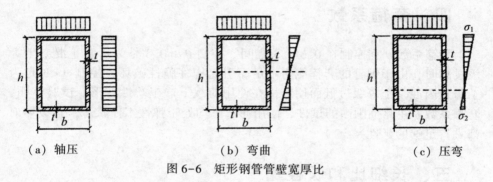

（a）轴压　　　　　　　（b）弯曲　　　　　　　（c）压弯
图 6-6　矩形钢管管壁宽厚比

二、混凝土

钢管混凝土结构宜采用水泥混凝土，强度等级宜在 C30 ～ C80 之间，且水灰比不宜过大，应控制在 0.45 及以下。

为确保混凝土易于密实，可掺入引气量小的减水剂，使混凝土的坍落度保持在 160mm 左右。

混凝土的强度等级，应满足承载力要求并与钢管的钢号相匹配。一般情况下，Q235 钢采用 C30、C40 或 C50 级混凝土；Q345 钢采用 C40、C50 或 C60 级混凝土；Q390 钢采用 C50 或 C60 级以上混凝土。

采用泵送混凝土工艺或抛落无振捣浇灌时，宜使用流动性混凝土；采用振捣浇灌工艺时，宜使用塑性混凝土。

对于直径大于 500mm 的钢管混凝土柱，管内混凝土宜选用自补偿或微膨胀混凝土。

三、柱的计算长度

验算柱的承载能力时，需根据柱的长度确定其计算长度 l_0。当柱在上、下两端支撑点之间无侧向荷载作用时，计算长度 $l_0 = \mu l$。l 为柱的自然长度，μ 为考虑柱端约束条件的计算长度系数，可按下列规定取值：

（1）无侧移框架。无侧移框架是指框架结构中设有竖向支撑、剪力墙、电梯井筒等侧向支撑的结构、且侧向支撑的抗侧刚度等于或大于框架抗侧移刚度的 5 倍。

（2）有侧移框架。有侧移框架是指框架结构中未设侧向支撑，或侧向支撑的抗侧刚度小于框架抗侧移刚度的 5 倍。

四、套箍系数

套箍系数 θ 宜控制在 0.3～3 之间。控制 $\theta \geq 0.3$ 是为了防止混凝土等级过高时，由于钢管的套箍能力不足而引起构件脆性破坏；控制 $\theta < 3$ 是为了防止因混凝土等级过低而使结构在使用荷载下产生塑性变形。试验证明，套箍系数 θ 在此范围内的试件，使用荷载下均处于弹性工作状态，且破坏前都具有足够的延性。

五、长细比和长径比

钢管混凝土受压构件的长细比 $\lambda = l_0/i$ 和长径比 $\varphi = l_0/D$ 不宜超过表 6-7 中所列的限值。l_0 为构件的计算长度，i 为构件截面回转半径，D 为钢管混凝土柱的外径。

表 6-7　长细比和长径比限值

项次	构件类别	l_0/D	λ
1	轴心受压柱及偏心受压柱	20	80
2	桁架受压杆件	30	120
3	其他受压杆件	35	140

在网架或桁架结构中，受压弦杆可以选用钢管混凝土杆件，其他杆件可采用空钢管。杆件之间可以直接焊接或采用节点板（或节点球）连接。

第五节　钢管混凝土结构工程应用实例

一、天津今晚报大厦

于 1997 年建成的天津今晚报大厦是全部柱子采用钢管混凝土柱的一个典型超高层建筑。地下 2 层，地上 38 层，高 137m，包括裙房总建筑面积为 8.2 万 m^2。采用了钢管混凝土柱和现浇双向多肋形钢筋混凝土梁板楼盖组成的框架，建筑物中心为整浇的钢筋混凝土抗震筒，形成了框筒结构体系。

在高层和超高层建筑中，采用钢柱的框筒结构体系，较合理的是由钢梁和钢柱组成框架、加上压型钢板的组合楼板，不但受力更为合理，而且施工也特别简便快捷。如北京的京广中心、香格里拉饭店、京城大厦和上海的金茂大厦及深圳的发展中心大厦等，都采用了这种结构体系。但是，在我国现阶段，建筑物的一次性工程造价常起着控制作用。为了降低工程造价，一些采用钢结构的高层建筑中出现了钢管柱和钢筋混凝土梁板楼盖的混合结构体系。天津今晚报大厦就是一个成功的例子。该工程采用钢管混凝土柱和钢筋混凝土梁板楼盖组成混合框架结构体系，降低了工程造价，取得了显著的经济效益。从此，这种混合框架成为高层建筑中普遍采用的结构体系。

该建筑物的平面为 $D=44m$ 的圆形，框架采用 8.4m×8.4m 的大柱网，按 7 度抗震设防和Ⅲ类场地土考虑。

结构设计中充分考虑了抗震要求，抗侧力构件采用了现浇钢筋混凝土内筒，基本布置在建筑物平面的中心位置，并按 8 度抗震设防的要求处理。采用塑性和抗震性能优越的钢管混凝土柱为框架柱，替代常规采用的钢柱和钢筋混凝土柱，加上现浇的钢筋混凝土楼盖，组成框架体系。这样处理，容易满足大震不倒，破坏后易于修复的要求。工程于 1997 年初竣工，如图 6-7 所示为建成后的外貌。

该工程共 16 根钢管混凝土柱。钢管直径 φ 630 ～ 1020，厚度 8 ～ 12mm，钢材 Q345，混凝土 C30 ～ C60。底部柱的最大轴心压力为 3.5000kN，柱最大截面 φ 1020×12，由下而上改变 5 次管径和厚度及混凝土强度等级。和钢筋混凝土柱相比，不但承载力高，而且塑性和抗震性远远优于钢筋混凝土，自重减轻很多，节约了混凝土，降低了地基基础造价，且施工也大为简便。与钢柱相比，构造较为简单，零件和焊缝少，便于制造、加工及运输和安装。设计中与采用钢筋混凝土柱作了比较，如采用钢筋混凝土柱，最大截面将为 1.4m×1.4m，钢筋用量 294kg/m。而钢管混凝土柱的耗钢量为 289kg/m，二者基本相等，但却使柱子截面减小了 58%，增加了室内的有效使用面积。在地下层车库中，柱子间距 8.4m，采用钢筋混凝土柱时，柱间净距为 7m，停放不下 3 辆汽车。采用了钢管混凝土柱后，净距达 7.3m，可停放 3 辆汽车，显然提高了经济效益。

柱子的钢管首次采用了螺旋焊接管，施工方便，质量也较好。

结构的特点是楼盖首次采用了现浇双向多肋形钢筋混凝土楼盖。多肋形钢筋混凝土板沿柱子四周与柱连接，使支座压力分散，改变了框架体系中常规的梁柱刚性节点的做法，简化了节点构造，如图 6-8 所示。

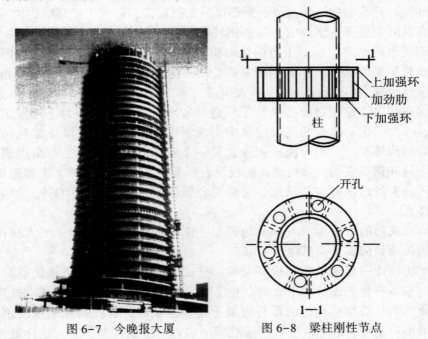

图 6-7　今晚报大厦　　　　　图 6-8　梁柱刚性节点

这种楼盖结构和梁柱连接节点具有以下特点：

（1）减小了楼盖结构的高度，楼盖总高 430mm，为管道和通风设备等的布置留出了更多的空间。

（2）楼盖荷载可均匀地从四周传给柱子，简化了梁柱节点。

（3）管柱上设上下加强环，上下环之间设 12 根加劲肋，传递梁板传来的剪力。把楼盖中的受力钢筋可靠地焊在环板上，属于梁柱刚接节点。

（4）上加强环上适当地开几个圆孔，便于节点处混凝土的浇灌密实。

（5）加强环板不需进行强度计算，其宽度满足板内受力钢筋搭接或焊缝长度的要求即可。

二、广州新中国大厦

广州新中国大厦采用了钢管混凝土框架柱、现浇钢筋混凝土梁板楼盖和现浇钢筋混凝土内筒的框筒结构体系，于 1999 年建成。该建筑为地下 5 层，地上 43 层，裙房 9 层，高约 200m，建筑面积约 15 万 m²。由地下室向上到第 24 层采用了 24 根圆钢管混凝土柱，截面为 φ（900～1400）×（18～25），分 6 次变截面，Q345 钢材，C60～C80 混凝土，第 24 层以上转变为方形钢管混凝土柱，地下室共有钢管混凝土柱 94 根（包括裙房），为了配合地下各层采用半逆作法施工，在核心筒墙内设置钢管混凝土暗柱 27 根。核心筒的剪力墙厚度为 250～850mm，混凝土强度等级为 C40～C70。5 层地下室采用了半逆作法施工。

该工程的特点是采用了钢筋混凝土连续双梁、单梁和单双梁与钢管混凝土柱连接的节点形式，节点构造如图 6-9 所示。采用了暗牛腿传递梁对管柱的支座压力，牛腿包在钢筋混凝土梁的高度范围内。图 6-9（a）和图 6-9（c）的钢筋混凝土梁皆为连续梁，在四角设四个小牛腿与管柱相连，在梁和管柱间灌满了混凝土把管柱包成一体。图 6-9（b）在管柱周围加了一道钢筋混凝土环梁，四周的钢筋混凝土梁与环梁锚在一起，同时环梁从四周有钢板插入管柱。这三种梁柱节点在设计中都按梁柱刚接连接考虑。

从上述构造来看，钢筋混凝土连续梁虽然包围了管柱，但由于梁的刚度很大，梁内弯矩将以连续梁内力分布的规律直接传递，紧包管柱的混凝土的刚度小很多，不可能把梁内弯矩传入管柱。采用钢筋混凝土环梁的节点，由于和管柱接触的是混凝土保护层，当梁端弯矩形成对环梁的拉力和压力时，通过环梁如何把这些拉、压力传入管柱也很难确定。

总之，这类梁柱刚接节点具有节省材料（没有加强环板等）、构造简单和施工方便的优点。但存在下列问题：

（1）梁柱节点是结构中的重要地位，设计原则是墙柱、弱梁、节点更强，这种节点未达到节点更强的要求。

（2）能否保证节点属于刚接，符合计算模型，尚应进行试验研究。测定在荷载作用下，梁柱轴线间的夹角是否保持不变或变化在允许的范围内，应进行反复循环荷载试验和地震波作用下的试验。

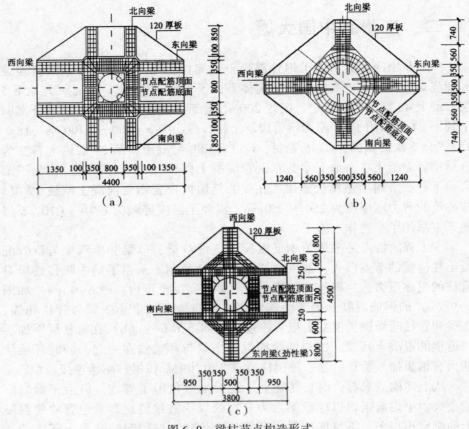

图 6-9　梁柱节点构造形式

　　钢管混凝土柱变直径的现场对接接头采用了插入式的连接方式，如图 6-10 所示。沿着下部管柱的内壁，等间距共焊 8 块竖版，在下部柱端和 8 块竖板间加一些弧形板，并分别和竖版及钢管焊接，竖版都超出下部柱端 200mm，形成直径比上部柱的外径大 6mm 的圆形插口。安装时，把上部管柱顺着圆形插口插入再和露出的 8 块竖版焊接即成。为了使连接节点处的管内混凝土浇灌方便，在上部管柱的节点部位开一些长圆孔，如图 6-11 所示。

　　这种对接节点的缺点是上下柱端的加工精确度要求很高，也较费钢材。

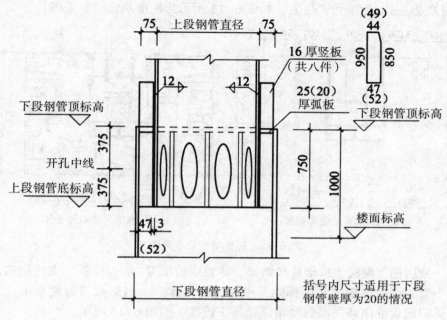

图 6-10　变截面现场接头

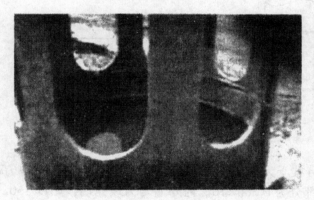

图 6-11　柱端开孔

三、上海中福城

上海中福城位于上海黄浦区汉口路浙江路口，属商业黄金地段。总建筑面积 60000m²，住宅部分约 33000m²。由 6 个高层住宅楼通过 3 层裙房连在一起。高层住宅地下部分 1 层，地上 17 层，檐口标高 59.70m。地下 1 层为车库和设备用房，地上 1 层为商业步行街，2～3 层为商场，4 层以上

（层高 2.9m）为单元式住宅。如图 6-12 所示为标准单元的布置图。

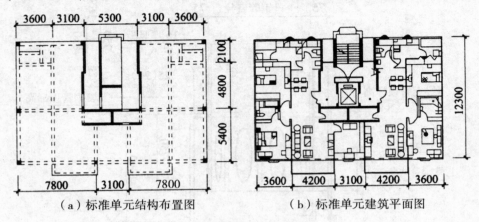

（a）标准单元结构布置图　　　　（b）标准单元建筑平面图

图 6-12　标准单元的布置图

采用钢管混凝土框架柱和钢梁、剪力墙的框剪-结构体系。现浇钢筋混凝土剪力墙设在楼梯和电梯间，作为抗侧力体系。钢梁和钢管混凝土柱只在梁的腹板处用高强度螺栓相连，属于铰接，如图 6-13 所示。

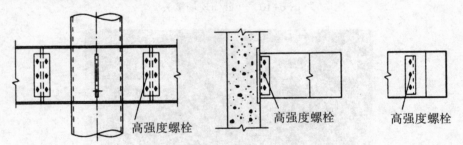

图 6-13　梁柱节点

住宅部分柱子为 $\varphi 350\times$（$10\sim6$）钢管混凝土柱，商场部分用 $\varphi 400\times$ 10，地下室部分为 $\varphi 500\times10$。内外墙均为填充墙，厚度 $150\sim200mm$。住宅部分钢梁用高频焊接工字钢，楼板为压型钢板上浇混凝土的组合楼盖，混凝土板厚 110mm，耐火极限满足 1.5h 要求。压型钢板为 BD-40 闭合型截面，底面闭合，便于室内装修。

外墙用蒸压加气混凝土大型墙板，厚 200mm，板宽 600mm，板长 2900mm（1 个层高），钩头螺栓直接挂在框架上。板的密度 650kg/m³，抗震性能好，安装方便，施工不受季节影响，可缩短工期。

全部钢结构首次采用了上海宝钢集团生产的建筑用耐火耐候钢，耐腐蚀性是普通钢的 $2\sim8$ 倍，耐火性保证温度达 600℃时钢材的屈服强度下降不大于 1/3。由于采用了这种新钢种，节约防火涂料 1/3，省去了防锈漆，综合成本节约达 30%。

主要钢结构用钢材见表 6-8 所列，混凝土用量列入表 6-9 中，综合用钢量见表 6-10 所列。

表 6-8　主要钢结构用钢材

构件	部位	钢材规格	钢材	备注
柱	地下室	φ500×10	Q345	耐火耐候钢 C60 混凝土
	1～3 层	φ400×10	Q345	
	4～6 层	φ350×10	Q345	
	7～12 层	φ350×8	Q345	
	13～17 层	φ350×6	Q345	
钢梁	地下室	H450×150×8×13	Q345	耐火耐候钢 高频焊
	1～3 层	H450×150×6×10	Q345	
	4～17 层	H400×150×6×10	Q345	

表 6-9　混凝土用量

部位	混凝土折算厚度/（m/m²）
±0.00 以上	0.273
地下室	1.02
φ650 灌注桩	1.24
总折算厚度	0.50

表 6-10　综合用钢量

部位	型钢 /（kg/m²）	压型钢板 /（kg/m²）	钢筋 /（kg/m²）	合计 /（kg/m²）
±0.00 以上	40	10	14.9	64.9
地下室	40	10	95.3	145.3
φ650 灌注桩	0	0	27.9	27.9
总折算厚度	40	8	30.1	78.6

四、新疆库尔勒住宅楼

新疆库尔勒市金丰城市信用社住宅楼位于库尔勒市石化大道。建筑面积 5850m²，地上 8 层，地下 1 层，是建设部轻钢结构住宅试点项目。2000年初设计，4～9 月施工，10 月竣工交付使用。

工程原设计为钢框架结构，因造价高达 1600 元/m²，故改为传统的混凝土结构，最后又设计为钢管混凝土柱、轻型 H 型钢梁的框架支撑结构体系。表 6-11 为以上三种方案的比较。

表 6-11　三种结构方案的比较

结构形式	钢管混凝土柱轻型 H 型钢梁框架钢支撑	轧制 H 型钢柱钢框架体系	钢筋混凝土框架体系
柱截面/mm	φ 300×6，C40	H500×500×12×22	450×450
框架梁/mm	楼面梁 H320×125×5×8 屋面梁 H350×150×5×8	楼面梁 H320×125×5×8 屋面梁 H350×150×5×8	250×500
楼板/mm	110	110	110
填充墙	外墙 250mm 厚加气混凝土砌块 内墙 150mm 厚加气混凝土砌块	外墙 250mm 厚加气混凝土砌块 内墙 150mm 厚加气混凝土砌块	外墙 250mm 厚加气混凝土砌块 内墙 150mm 厚加气混凝土砌块
结构自重 /（t/m²）	0.62	0.65	0.95
型钢用量 /（kg/m²）	30.6	63.4	0
钢筋用量 /（kg/m²）	21	21	55
综合用钢 /（kg/m²）	51.6	84.4	55
综合造价 /（元/m²）	1100	1450	1200

由表 6-11 可知，采用钢管混凝土柱、H 型钢梁和钢支撑的框架体系最经济，造价为 1100 元/m²，比钢筋混凝土结构经济。图 6-14 所示为标准层结构布置图。梁柱节点采用加强环的刚接节点，如图 6-15 所示。

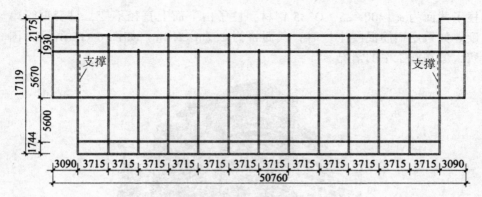

图 6-14　标准层结构布置图

图 6-15　住宅楼梁柱节点

全部框架填充墙采用粉煤灰加气混凝土砌块，密度 700kg/m³。钢梁和钢柱的防火采用 50mm 厚加气混凝土砌块包覆，造价低。

库尔勒市属 7 度抗震设防地区，Ⅱ类场地土。由于结构自重小，地震作用不起控制作用，结构位移由风荷载控制，顶点最大位移 1/841，层间最大位移 1/602，满足要求。

由这一工程可见，圆钢管混凝土柱用于抗震设防区的建筑中时，更能发挥其本身优点。即使是 8 层普通住宅，也能取得比混凝土结构造价低的经济效果。

五、北京国贸大厦（一期工程）

北京国贸大厦地下 3 层，地上 33 层，高 156m。在塔楼部分有 8 根柱子，由地下 −14.00m 到地上 63.20m，全长 77.2m，采用了钢管混凝土柱。

柱子截面为 $\varphi1400\times25$，Q345 钢材，柱子由下而上直径不变，只变钢管厚度。如采用钢筋混凝土柱时，截面将为 2.2m×2.2m。如图 6-16 所示为国贸大厦在施工中的情况。

图 6-16　北京国贸大厦施工中

这一工程的结构设计特点是大厅部分 4 根钢管混凝土柱由 -0.05 ~ +21.60m，由此 4 根柱子支承着一根十字形整浇钢筋混凝土梁，十字梁中点支承着一根柱子，通过该柱传来上面十几层的楼盖荷载，因而十字梁所受荷载很大。采用现浇钢筋混凝土梁，截面为 1.2m×3.75 m，C40 混凝土。

由于十字梁的截面很高，又是和管柱单侧连接，不可能采用刚接连接——刚接节点产生的节点弯矩管柱无法承受，因而只能采用铰接连接。

采用铰接连接时，十字梁对支座的压力为 12000kN，在管柱上设计一个悬臂式牛腿。这样大的钢筋混凝土梁，牛腿悬伸长度至少也得 1m 长。若考虑到梁端支反力由于大梁挠曲而按三角形分布时，管柱壁将受到弯矩 $M = 12000 \times 0.66 = 7920$kN/m 和剪力 $V = 12000$kN 的作用。这样大的弯矩和剪力，不但管壁难以承受，而且牛腿的构造也很困难。

最后采用了把十字钢筋混凝土梁在接近管柱处的梁端分成两支，环绕着管柱，而在管柱的两侧分别设两个牛腿，支承着钢筋混凝土梁。这样，对管柱来说，左右传来的支座压力引起的弯矩互相平衡；对牛腿来说，每个只承受 12000/2 = 6000 kN 的支座反力，压力减小一半，牛腿构造得到大大简化，如图 6-17 所示。

图 6-18 和图 6-19 所示为牛腿构造。考虑到钢筋混凝土大梁受荷载作用后将产生挠曲，作用于牛腿的支座压力为三角形分布。为了避免牛腿和管柱受扭，以简化构造，将梁端部按图 6-19（a）所示向上收 20mm，这样三角形分布的支反力的合力 R 正好作用于牛腿的中心处，使牛腿和管柱避免了受扭矩的不利作用。

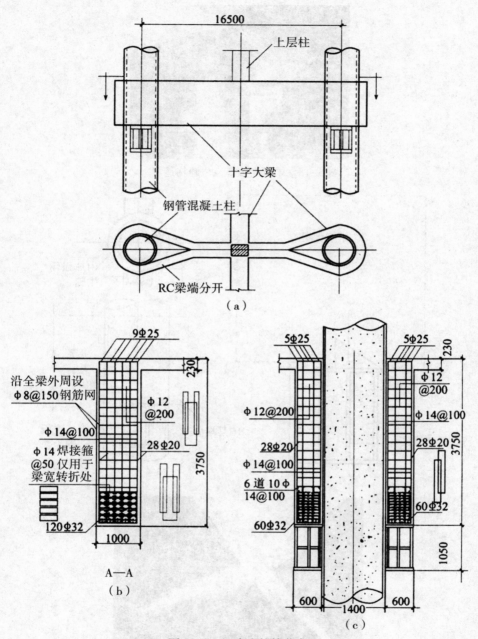

图 6-17　双支座铰接节点

图 6-18　国贸大厦节点牛腿构造之一

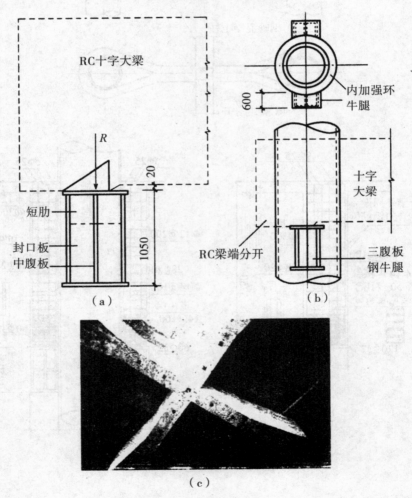

图 6-19　牛腿构造之二

六、哈尔滨联通公司电信枢纽楼

2003年建成的哈尔滨联通公司电信枢纽楼地下3层，地上35层，高149m，是哈尔滨乃至东北地区建成的第一个采用钢管混凝土柱的超高层建筑。

整个建筑物为双塔形，南塔楼为公寓楼，29层，高100m，北塔楼为黑龙江省联通公司哈尔滨分公司的电信枢纽楼，35层，中部为7层裙房，将南北塔楼连成一体。建筑总面积86000m²。图6-20所示为该建筑竣工前的外景照片。

图6-20 联通电信枢纽外景

北塔楼电信枢纽楼是一个切角的等腰三角形，其特点是电信设备多，荷载大，柱网尺寸大，达 9m×9m。采用了框筒结构体系，十根框架柱采用钢管混凝土柱，两侧为对称的由现浇钢筋混凝土剪力墙组成的抗侧力体系，楼盖采用现浇钢筋混凝土梁板结构，结构标准层平面如图 6-21 所示。

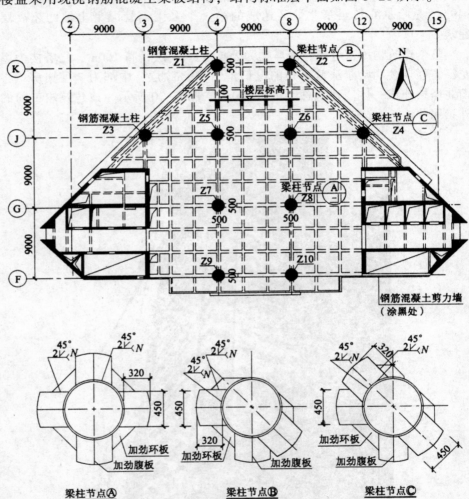

图 6-21　枢纽楼标准层平面和节点图

基础采用群桩和整浇厚板组成桩筏基础。

钢管混凝土柱的最大内力为 $N = 37106\text{kN}$，$M = 23\text{kN/m}$，$V = 14.2\text{kN}$。最大截面尺寸为 $\varphi 1000×20$，Q345 钢材和 C60 混凝土，自上而下改变了 5 次截面。如设计为钢筋混凝土柱，最大截面将为 1450mm×1450mm，也沿高度改变 5 次截面，如图 6-22 所示。

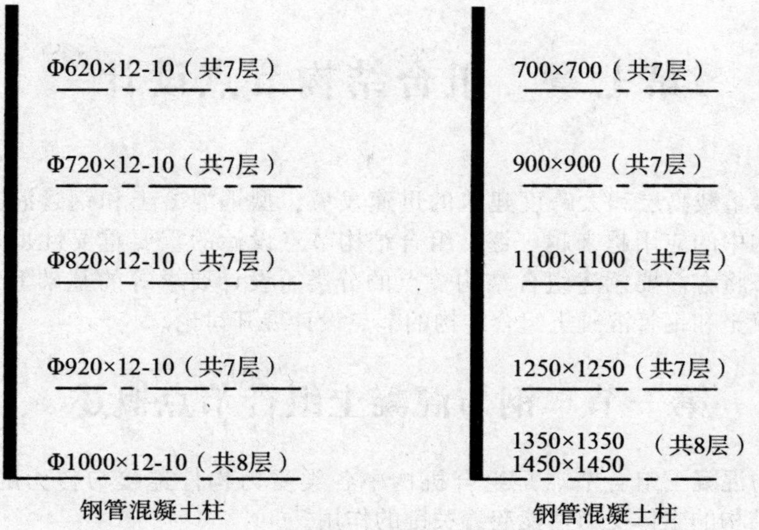

Φ620×12-10（共7层）

700×700（共7层）

Φ720×12-10（共7层）

900×900（共7层）

Φ820×12-10（共7层）

1100×1100（共7层）

Φ920×12-10（共7层）

1250×1250（共7层）

Φ1000×12-10（共8层）

1350×1350　（共8层）
1450×1450

钢管混凝土柱

钢管混凝土柱

图 6-22　柱子变截面比较

第七章　组合结构节点设计

随着重载高层和大跨度建筑的迅速发展，型钢混凝土和钢管混凝土构件在结构中的应用越来越广泛，组合结构节点设计的重要重要性也日益凸显，本章将在简要阐述组合结构节点的分类、设计要求等的基础上，围绕型钢混凝土和钢管混凝土组合结构的节点设计展开讨论。

第一节　钢与混凝土组合节点概述

钢与混凝土组合节点是组合机构中各类受力构件连接与传力的枢纽，对组合结构的整体受力性能起着关键的作用。

一、组合结构节点分类

组合结构节点根据节点所连接构件的不同分类较多，根据构件形式可分为柱-梁节点、柱拼接节点、梁拼接节点、柱脚节点和支撑连接节点等，其中柱-梁节点形式最为多样，有钢管混凝土柱-H 型钢梁节点、钢管混凝土柱-钢筋混凝土梁节点、钢筋混凝土柱-H 型钢梁节点等。在计算方面，根据节点刚度可为刚接节点、铰接节点和半刚接节点等。

二、节点设计的一般规定

（1）采用钢筋混凝土楼屋盖时，梁与钢管混凝土柱连接的受剪承载力和受弯承载力应分别不小于被连接构件端截面的组合剪力设计值和弯矩设计值，这里采用的用于连接设计的剪力和弯矩设计值应该是根据相关规范不同抗震等级要求调整后的设计值。

（2）钢梁与钢管混凝土柱的刚接连接，应按弹性进行设计；抗震时，还应进行连接的极限承载力验算，以实现"强节点、弱构件"的设计概念。研究表明，钢梁与钢柱刚性连接时，除梁翼缘与柱的连接承担弯矩外，腹板连接的上下受弯区也可承担弯矩，腹板中部的连接承担剪力。这样虽计算合理，但给设计增加麻烦，因此此处没有考虑腹板连接承担弯矩的作用。

（3）对于钢管混凝土柱节点，梁、板的纵向受力钢筋若直接焊接在钢管壁上，将使钢管壁产生额外的复杂应力和变形，影响钢管对混凝土的约束作用。

三、节点的设计要求

大量震害调查、试验和理论研究表明，实现延性框架设计要遵循如下设计原则：墙柱弱梁、强剪弱弯和强节点弱构件。因此，节点设计是实现延性框架的重要内容。为使结构满足抗震设计要求，不致在强震作用下倒塌，必须保证结构各构件的连接部位即节点不过早发生破坏，这样才能充分发挥构件塑性铰的延性作用，使结构成为延性结构。延性结构节点的抗震设计要求主要有以下几点：

（1）节点的强度不小于框架形成塑性铰机构时所对应的最大强度，这样可以使节点满足能量损耗的要求，同时能够避免对结构不易处理位置的修补。

（2）柱子的承载力不应由于节点的强度降低而受到削弱，节点应该作为柱子整体中的一部分来考虑。

（3）在中等程度的地震作用下，节点应保持弹性状态。

（4）节点变形不得明显增大层间位移。

（5）保证节点理想性能所需采取的节点构造措施应易于制作安装。

节点设计要求具体包括强度要求、刚度要求和延性要求等，限于本书篇幅，这里不再赘述，有需要的读者可以参阅相关文献资料。

第二节　型钢混凝土组合节点设计

一、型钢混凝土梁柱节点的基本形式

与钢筋混凝土结构相比，型钢混凝土结构的节点构造和受力都比较复杂，根据梁柱形式的不同，型钢混凝土节点大致可分为以下几类：

（1）梁和柱中均配实腹工字钢（或 H 型钢）的梁柱节点，如图 7-1（a）所示。一般柱中型钢在节点中贯通，而梁中型钢在柱型钢两侧断开，并与柱型钢翼缘焊接或用螺栓连接。

（2）连接钢筋混凝土柱与型钢混凝土梁的节点，且梁为实腹式型钢混凝土，如图 7-1（b）所示。此时，梁中型钢可以在节点中通过，柱筋尽可能在梁型钢两侧通过，保持贯通。当柱筋必须在梁翼缘中穿过时，梁翼缘应给予加强，使其不低于未削弱前梁型钢的抗弯能力。

（3）连接型钢混凝土柱与钢筋混凝土梁的节点。梁中钢筋在柱两侧断开，但应与柱翼缘可靠焊接，并在柱型钢翼缘之间、梁筋水平处设置足够的加劲肋，如图7-1（c）所示。

按照受力形式的不同，型钢混凝土框架节点又可以分为顶层中节点、顶层边节点、一般层中节点、一般层边节点及柱脚等。

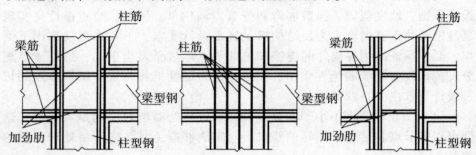

（a）梁和柱中均配实腹工　（b）连接钢筋混凝土柱与型　（c）连接型钢混凝土柱与钢
　　字钢（或 H 型钢）的　　　钢混凝土梁的节点（梁　　　筋混凝土梁的节点
　　梁柱节点　　　　　　　　为实腹式型钢混凝土）

图7-1　型钢混凝土节点形式

二、节点受力破坏过程

在轴压比不太大的情况下，型钢混凝土节点的破坏一般为核心区混凝土的剪切破坏。节点受力破坏过程可分为初裂、型钢腹板屈服、极限承载和破坏四个阶段，如图7-2所示。

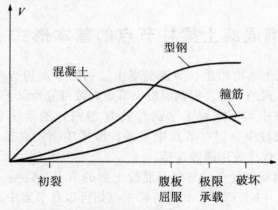

图7-2　节点破坏各阶段各材料受力

（一）　初裂阶段

构件受荷以后，当节点核心区出现第一条沿对角线方向的细斜裂缝时，称为初裂。初裂前节点基本处于弹性状态，节点区混凝土和型钢的变形协调一致，剪切变形很小。混凝土强度和型钢含钢率相同的构件，初裂荷载基本相同。由此可见，在这一阶段，剪力主要由混凝土和型钢承担。

（二）　型钢腹板屈服阶段

随着荷载的增加与反复作用，核心区混凝土裂缝不断增多并加宽。当核心区形成一条主斜裂缝，并沿对角线方向基本贯通时，型钢腹板开始达到屈服应变。对于钢筋混凝土节点来说，节点核心区屈服的含义是不确切的；而对于型钢混凝土节点来说，核心区型钢腹板的屈服可以作为节点屈服的标志。由于型钢腹板的屈服是一个从局部逐渐扩散的过程，因此在荷载-位移曲线上不一定有明显的拐点。该阶段，箍筋虽然已经开始承担剪力，但大部分剪力仍由型钢承担，箍筋并未完全屈服，对核心区混凝土仍有较强的约束作用。此时，核心区剪力由混凝土、箍筋和型钢共同承担。

（三）　极限承载阶段

核心区混凝土通裂以后，由于骨料的咬合力和摩擦力的存在以及箍筋和翼缘框的约束，核心区混凝土仍能承担一部分剪力。此时，型钢腹板和节点箍筋都已经屈服，核心区混凝土裂缝宽度加大，节点刚度下降，核心区剪切变形明显增加。该阶段，型钢腹板由屈服阶段逐渐进入强化阶段，承载力还可以继续提高。另外，由于翼缘框架的约束作用，型钢混凝土节点的剪切变形一般比钢筋混凝土节点要小。

（四）　破坏阶段

随着位移的增加，核心区混凝土开始压碎而大块剥落，核心区剪切变形急剧增大。当承载力下降到一定幅度时（比荷载低 15%～20%），可以认为节点破坏。但是，与钢筋混凝土节点明显不同的是，型钢混凝土节点由于型钢的存在，承载力和刚度下降速率要慢很多。直到混凝土抗剪作用完全丧失时，型钢仍能承担一定的荷载，并趋于稳定，表现出了良好的延性和耗能能力，因此一般不会发生脆性破坏。

三、型钢混凝土结构节点构造

（一）型钢混凝土梁柱节点

内含工字形型钢混凝土梁柱节点中，柱型钢或梁型钢的传力宜简捷，且需要将型钢连续贯通，而梁柱型钢是正交的，不能二者都贯通。即当柱型钢连续贯通节点核心区时，梁内型钢需要断开，当梁型钢连续贯通节点核心区时，柱型钢就需要断开。虽然被断开的型钢可以通过焊接间接连通，但是带来的副作用是焊缝处变脆。从梁、柱在框架中的安全考虑，宜选用柱连续贯通。

梁型钢断开后，一般采用梁型钢焊接于柱型钢翼缘，而在柱型钢翼缘的内部焊接水平加劲板来保证梁型钢内力传递的流畅［图7-3（a）］。但是，在水平加劲板下部，混凝土与加劲板难以密接，影响混凝土浇筑的质量。为解决浇筑混凝土质量，采用三角形加劲板［图7-3（b）］，三角形加劲板将梁型钢翼缘拉力通过柱型钢翼缘传给柱型钢腹板，这种传力机构符合型钢混凝土梁柱的实际力的传递。即或是上述水平加劲板［图7-3（a）］，梁型钢翼缘力也是部分传递给柱型钢腹板，水平加劲板中部应力已减少。采用三角形加劲板，改善了浇筑混凝土的困难，只是要对柱型钢腹板是否能承担梁翼缘的拉力进行验算。

三角形加劲板的面积计算公式为

$$A_a f_a = A_{bf} f_a - t_{cw}(t_{bf} + 5d_f) f'_a \tag{7-1}$$

式中：A_a 为三角形加劲板传力面积（扣除开孔面积）；A_{bf} 为梁翼缘面积；t_{bf} 为梁翼缘板厚度；t_{cw} 为柱腹板厚度；d_f 为从柱型钢表面至腹板弧端的距离，当焊接工字形型钢时，则为柱型钢翼缘厚度；f_a 为钢材强度设计值；f'_a 为三角形加劲板前端抗压强度设计值。

为解决型钢混凝土梁柱节点浇注混凝土的困难，也可以采用在柱型钢翼缘上焊接竖向隔板的构造措施，如图7-3（c）所示。显然，这种节点若是纯钢结构是不能通过竖向钢板完全传递梁型钢翼缘的拉力或压力的，而型钢混凝土节点内有混凝土和箍筋的辅助，是可行的，只是柱型钢翼缘厚度及竖向钢板厚度、高度需要计算来确定。

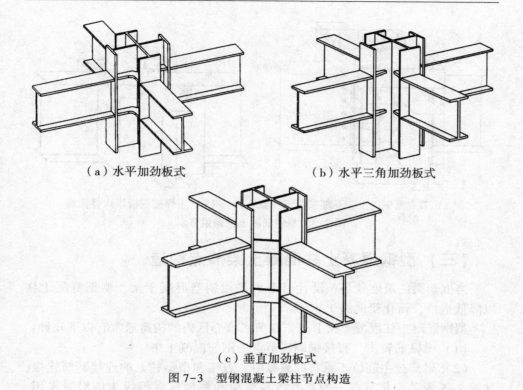

（a）水平加劲板式　　　　（b）水平三角加劲板式

（c）垂直加劲板式

图7-3　型钢混凝土梁柱节点构造

（二）型钢混凝土柱钢梁节点构造

型钢混凝土梁的施工比较麻烦，施工效率低，采用钢梁或者型钢与混凝土板组合梁，这种情况可以得到改善。为解决钢梁在柱节点下的局部压力破坏，最好在节点型钢的上、下部采用钢板箍条［图7-4（a）］，钢板箍的尺寸应当满足下列要求

$$t_w/h_b \geqslant 1/30 \tag{7-2}$$
$$h_w/h_b \geqslant 1/5 \tag{7-3}$$
$$t_w/b_c \geqslant 1/30 \tag{7-4}$$

式中：t_w 为钢板箍厚度；h_w 为钢板箍高度；h_b 为钢梁梁高；b_c 为柱截面宽度。

若采用如图7-4（a）所示型钢混凝土节点核心区布置箍筋的方法有困难，可以采用焊接钢板箍代替箍筋，如图7-4（b）所示。

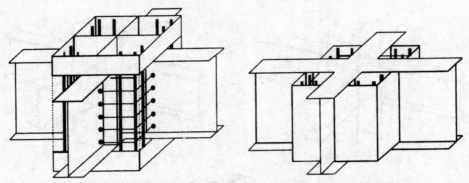

（a）节点型钢的上、下部采用钢板箍条　　（b）用焊接钢板箍代替箍筋

图 7-4　型钢混凝土柱钢梁节点

（三）型钢混凝土柱混凝土梁节点构造

当框架梁的跨度较小，设计时考虑采用钢筋混凝土梁、型钢混凝土柱以降低造价，简化梁的施工。

型钢混凝土柱混凝土梁节点，在节点核心区内的构造通常有以下几种：

（1）梁纵筋较少，直接锚固在节点的钢筋混凝土中。

（2）梁部分主筋位于垂直的翼缘时，直接和型钢柱上的连接套筒连接，如图 7-5 所示。此节点一般在非抗震框架和框架抗震等级为四级时采用，在框架抗震等级为一、二、三级时，应谨慎采用。

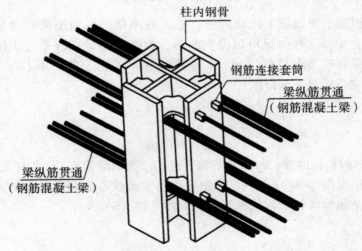

图 7-5　梁纵筋直接连接于钢柱的连接套筒

（3）与型钢混凝土柱连接的梁端设置一段钢梁与梁主筋搭接，如图7-6

所示。

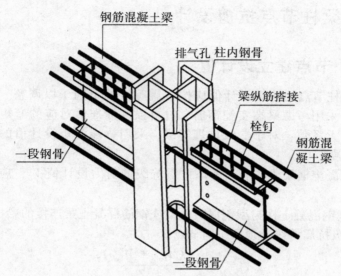

图 7-6　梁端设置钢梁与柱连接

（4）梁内部分主筋焊在型钢牛腿上，如图 7-7 所示。

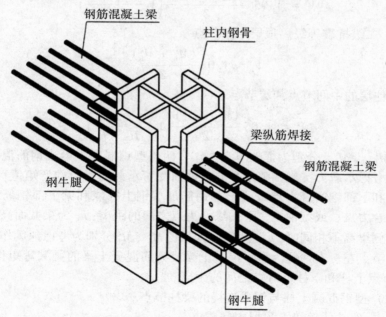

图 7-7　梁内部分主筋焊在钢牛腿上

四、梁柱节点抗剪设计

（一）节点建立设计值

型钢梁柱节点的剪力设计值应按抗震等级的不同予以调整。对于一级抗震等级，采用考虑梁端实配钢筋、材料强度标准值对应的弯矩值的平衡剪力乘以增大系数；对于二级抗震等级，采用梁端弯矩设计值的平衡剪力乘以增大系数。

型钢混凝土框架梁柱节点考虑抗震等级的剪力设计值 V_j，应按下列公式计算。

（1）型钢混凝土柱与型钢混凝土梁或钢筋混凝土梁连接的梁柱节点。

1）一级抗震等级。顶层中间节点

$$V_j = 1.05 \frac{(M_{buE}^l + M_{buE}^r)}{Z} \tag{7-5}$$

其他层的中间节点和端节点

$$V_j = 1.05 \frac{(M_{buE}^l + M_{buE}^r)}{Z} \left(1 - \frac{Z}{H_c - h_b}\right) \tag{7-6}$$

2）二级抗震等级。顶层中间节点

$$V_j = 1.05 \frac{(M_b^l + M_b^r)}{Z} \tag{7-7}$$

其他层的中间节点和端节点

$$V_j = 1.05 \frac{(M_b^l + M_b^r)}{Z} \left(1 - \frac{Z}{H_c - h_b}\right) \tag{7-8}$$

式中：M_{buE}^l、M_{buE}^r 分别为框架节点左、右两侧型钢混凝土梁或钢筋混凝土梁的梁端考虑承载力抗震调整系数的正截面受弯承载力对应的弯矩值；Z 为梁端上部和下部钢筋合力点或梁上部钢筋加型钢上翼缘和梁下部钢筋加型钢下翼缘合力点，或型钢上、下翼缘合力点之间的距离；h_b 为梁截面高度，当节点两侧梁高不相同时，h_b 应取其平均值；M_b^l、M_b^r 分别为考虑地震作用组合的框架节点左、右两侧为型钢混凝土梁或钢筋混凝土梁的梁端弯矩设计值；H_c 为节点上柱和下柱反弯点之间的距离。

（2）型钢混凝土柱与钢梁连接的梁柱节点。

1）一级抗震等级。顶层中间节点

$$V_j = 1.05 \frac{(M_{au}^l + M_{au}^r)}{Z} \tag{7-9}$$

其他层的中间节点和端节点

$$V_j = 1.05 \frac{(M_{au}^l + M_{au}^r)}{Z}\left(1 - \frac{Z}{H_c - h_a}\right) \tag{7-10}$$

2）二级抗震等级。顶层中间节点

$$V_j = 1.05 \frac{(M_a^l + M_a^r)}{Z} \tag{7-11}$$

其他层的中间节点和端节点

$$V_j = 1.05 \frac{(M_a^l + M_a^r)}{Z}\left(1 - \frac{Z}{H_c - h_a}\right) \tag{7-12}$$

式中：M_{au}^l、M_{au}^r 分别为框架节点左、右两侧钢梁的正截面受弯承载力对应的弯矩值，其值应按实际型钢截面和材料标准值计算；h_a 为型钢截面高度，当节点两侧梁高不相同时，梁截面高度 h_a 应取其平均值；M_a^l、M_a^r 分别为框架节点左、右两侧钢梁的梁端弯矩设计值。

（二）受剪水平截面验算

考虑地震作用组合的框架，其框架节点受剪的水平截面应符合式（7-13）的条件

$$V_j \leqslant \frac{1}{\gamma_{RE}}(0.4\eta_j f_c b_j h_j) \tag{7-13}$$

式中：γ_{RE} 为抗震调整系数；h_j 为框架节点水平截面的宽度。当 b_b 不小于 $b_c/2$ 时，可取 b_c；当 b_b 小于 $b_c/2$ 时，可取 $b_b + 0.5h_c$ 和 b_c 二者的较小值，此处 b_b 为梁的截面宽度，b_c 为柱的截面宽度。η_j 为梁对节点的约束影响系数。对两个正交方向有梁约束的中间节点，当梁的截面宽度均大于柱截面宽度的 1/2，且框架次梁的截面高度不小于主梁截面高度的 3/4 时，可取 η_j =1.5；其他情况的节点，可取 $\eta_j = 1$。

当梁柱轴线有偏心距 e_0 时，e_0 不宜大于柱截面宽度的 1/4，此时，节点宽度应取 $(0.5b_c + 0.5b_b + 0.25h_c - e_0)$、$(b_b + 0.5h_c)$ 和 b_c 三者中的最小值。

（三）框架节点的受剪承载力计算

（1）型钢混凝土柱与型钢混凝土梁连接的。

1）一级抗震等级。

$$V_j \leqslant \frac{1}{\gamma_{RE}}\left[0.3\varphi_j \eta_j f_c b_j h_j + f_{yv}\frac{A_{sv}}{s}(h_0 - a_s') + 0.58f_a t_w h_w\right] \tag{7-14}$$

2）二级抗震等级。

$$V_j \leqslant \frac{1}{\gamma_{RE}} \left[\varphi_j \eta_j \left(0.3 + 0.05 \frac{N}{f_c b_c h_c} \right) f_c b_j h_j + f_{yv} \frac{A_{sv}}{s} (h_0 - a'_s) + 0.58 f_a t_w h_w \right]$$

$$(7-15)$$

（2）型钢混凝土柱与型钢混凝土梁连接的梁柱节点。

1）一级抗震等级。

$$V_j \leqslant \frac{1}{\gamma_{RE}} \left[0.14 \varphi_j \eta_j f_c b_j h_j + f_{yv} \frac{A_{sv}}{s} (h_0 - a'_s) + 0.2 f_a t_w h_w \right] \quad (7-16)$$

2）二级抗震等级。

$$V_j \leqslant \frac{1}{\gamma_{RE}} \left[\varphi_j \eta_j \left(0.14 + 0.05 \frac{N}{f_c b_c h_c} \right) f_c b_j h_j + f_{yv} \frac{A_{sv}}{s} (h_0 - a'_s) + 0.2 f_a t_w h_w \right]$$

$$(7-17)$$

（3）型钢混凝土柱与钢梁连接的梁柱节点。

1）一级抗震等级。

$$V_j \leqslant \frac{1}{\gamma_{RE}} \left[0.25 \varphi_j \eta_j f_c b_j h_j + f_{yv} \frac{A_{sv}}{s} (h_0 - a'_s) + 0.58 f_a t_w h_w \right] \quad (7-18)$$

2）二级抗震等级。

$$V_j \leqslant \frac{1}{\gamma_{RE}} \left[\varphi_j \eta_j \left(0.25 + 0.05 \frac{N}{f_c b_c h_c} \right) f_c b_j h_j + f_{yv} \frac{A_{sv}}{s} (h_0 - a'_s) + 0.58 f_a t_w h_w \right]$$

$$(7-19)$$

式中：φ_j 为节点位置影响系数；对中柱中间节点取 $\varphi_j = 1.0$，对边柱节点及顶层中间节点取 $\varphi_j = 0.7$，对顶层边节点取 $\varphi_j = 0.4$；N 为考虑地震作用组合的节点上柱底部的轴向压力设计值；当 $N > 0.5 f_c b_c h_c$，取 $N = 0.5 f_c b_c h_c$；t_w 为柱型钢腹板厚度；h_w 为柱型钢腹板高度；b_c 为柱截面宽度；h_c 为柱截面高度；f_{yv} 为箍筋的屈服强度；A_{sv} 为配置在框架节点宽度 b_j 范围内同一截面内箍筋各肢的全部截面面积。

五、梁柱节点抗弯设计

型钢混凝土梁柱节点的梁端、柱端型钢和钢筋混凝土各自承担的受弯承载力之和，应分别符合下列条件

$$0.5 \leqslant \frac{\sum M_c^a}{\sum M_b^a} \leqslant 2.0 \quad (7-20)$$

$$\frac{\sum M_c^{rc}}{\sum M_b^{rc}} \geqslant 0.5 \quad (7-21)$$

式中：$\sum M_c^a$ 为节点上、下柱端型钢受弯承载力之和；$\sum M_b^a$ 为节点左、右梁端型钢受弯承载力之和；$\sum M_c^{rc}$ 为节点上、下柱端钢筋混凝土截面受弯承载力之和；$\sum M_b^{rc}$ 为节点左、右梁端钢筋混凝土截面受弯承载力之和。

第三节　钢管混凝土组合节点设计

一、梁柱节点

钢管混凝土梁柱节点的形式很多，根据节点的位置不同可以分为顶层角柱节点、顶层边柱节点、顶层中柱节点、角柱节点、边柱节点和中柱节点。根据抗震要求又可以分为抗震节点和非抗震节点。根据节点的刚度可以分为铰接节点、刚接节点和半刚性节点。但更为常用的节点分类方式是根据钢管混凝土节点的形式及构造措施进行分类，主要有钢管混凝土加强环式节点、环梁式节点、钢筋环绕式节点、穿心牛腿节点、钢筋贯通式节点、十字板式节点等几种。下面对其中几种节点形式进行介绍。

（一）环梁式节点

环梁式节点是外加强环式节点的发展形式，分为劲性环梁节点和抗剪环梁节点两种形式。

劲性环梁节点是将节点区中的抗剪牛腿加高、加长，并将牛腿提高到梁纵筋以下，形成抗弯能力较强的抗弯剪牛腿，浇筑混凝土后在节点周边形成一圈刚度较大的劲性混凝土梁，从而形成一个刚性节点区，利用这个刚性区域的整体工作来承受和传递梁端的弯矩和剪力。劲性环梁节点构造如图 7-8 所示。其主要缺点在于环梁钢筋较密，影响节点区混凝土的浇筑。

抗剪环梁节点是通过在圆钢管外浇筑一道环形钢筋混凝土梁以传递弯矩，在环梁与钢管的接触面紧贴钢管外表面贴焊一到两根环形钢筋作为抗剪环以传递剪力。抗剪环梁节点构造如图 7-9 所示。这种节点制作简单，施工方便，并省去了型钢牛腿，在施工上和经济上具有一定的优势，但是节点的刚度较差，不能看作是一个刚性节点；同时，这种节点的剪力只依靠抗剪环筋及环梁与钢管管壁间的黏结和摩擦来传递。

抗剪环可采用通过双面角焊缝焊接于钢管壁外表面的闭合的钢筋环或闭合的带钢环（图 7-10）。钢筋直径 d 应不小于 20mm，带钢厚度 b 应不小于 20mm，带钢高度 h 应不小于其厚度。每个连接节点宜设置两道抗剪环，其中一道抗剪环可在距框架梁底 50mm 的位置且宜尽可能接近框架梁底，另一道抗剪环可在距框架梁底 1/2 梁高的位置。

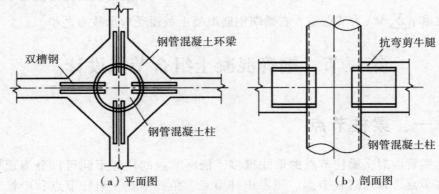

（a）平面图　　　　　　　　　　（b）剖面图

图 7-8　劲性环梁节点示意图

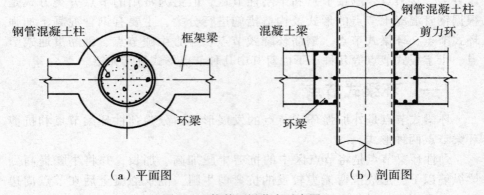

（a）平面图　　　　　　　　　　（b）剖面图

图 7-9　抗剪环梁节点示意图

抗剪环的受剪承载力可按下列公式计算

$$V_u = \min\{V_{u1}, \ V_{u2}, \ V_{u3}, \ V_{u4}\} \tag{7-22}$$

$$V_{u1} = \pi(D + d)\, d\beta_2 f_c \ \text{或}\ V_{u1} = \pi(D + b)\, b\beta_2 f_c \tag{7-23}$$

$$V_{u2} = \sum l_w h_e \beta_f f_f^w \tag{7-24}$$

$$V_{u3} = \pi(D + 2d)\, l \cdot 2f_t \ \text{或}\ V_{u3} = \pi(D + 2b)\, l \cdot 2f_t \tag{7-25}$$

$$V_{u4} = 2d^2 f_a \ \text{或}\ V_{u4} = \pi h^2 f_a \tag{7-26}$$

式中：V_u 为抗剪环的受剪承载力；V_{u1} 为由抗剪环支承面上的混凝土局部受压强度决定的受剪承载力；V_{u2} 为由抗剪环与钢管壁之间的焊缝强度决定的受剪承载力；V_{u3} 为由抗剪环上部混凝土的直剪（或冲切）强度决定的受剪承载力；V_{u4} 为由抗剪环的受剪承载力决定的受剪承载力；D 为钢管的外径；d

为抗剪环钢筋的直径；h、b 分别为带钢环的高度和厚度；β_2 为混凝土局部承压强度提高系数，可取 $\beta_2 = 1$；$\sum l_w$ 为环形焊缝的总长度；h_e 为角焊缝的有效高度；β_f 为正面角焊缝的强度系数，可取 $\beta_f = 1$；f_f^w 为角焊缝的抗剪强度设计值；l 为直剪面的高度；f_t 为楼盖混凝土抗拉强度设计值；f_c 为楼盖混凝土抗压强度设计值；f_a 为抗剪环钢筋或带钢的抗拉强度设计值。

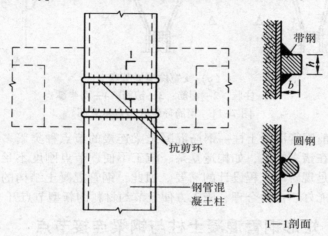

图 7-10 抗剪环构造示意图

（二）钢筋环绕式节点

这种类型的节点是《钢管混凝土结构技术规程》（CECS 28：2012）所推荐的节点形式之一，包括双梁节点、变宽度单梁节点和组合形式节点。其弯矩是依靠连续钢筋来传递，剪力依靠明暗牛腿来传递。钢筋环绕式节点构造如图 7-11 所示。

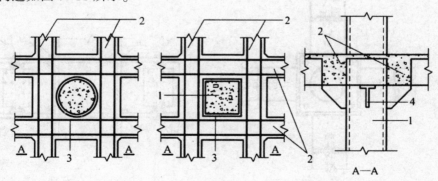

（a）双梁节点

1—柱肢；2—钢筋混凝土双梁；3—纵向钢筋；4—明牛腿

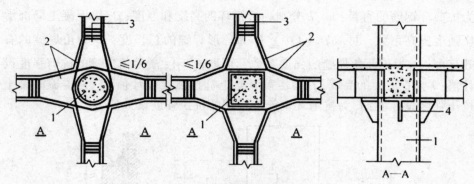

（b）变宽度单梁节点

1—柱肢；2—钢筋；3—箍筋；4—明牛腿

图 7-11　钢筋环绕式节点示意图

虽然当前钢管混凝土柱—钢筋混凝土梁连接的节点种类繁多，但在实际应用中仍存在诸多缺陷，如构造复杂、施工不便、节点刚度不足等，不能十分有效地满足现阶段工程设计的需要。因此，钢管混凝土结构的推广关键还在于力学性能好、传力合理、施工方便且节约材料的新型节点开工的研发。

（三）矩形钢管混凝土柱与钢梁连接节点

矩形截面钢管混凝土柱与钢梁连接形式多种多样，根据《矩形钢管混凝土结构技术规程》（CECS 159—2004）的推荐，连接形式主要有内隔板式、外隔板式、隔板贯通式。

（1）带短梁内隔板式连接：矩形钢管内设计隔板，柱外预焊短钢梁；钢梁的边缘与柱边预设短钢梁的翼缘焊接，钢梁的腹板与短钢梁的腹板用双夹板高强度摩擦型螺栓连接，如图 7-12 所示。

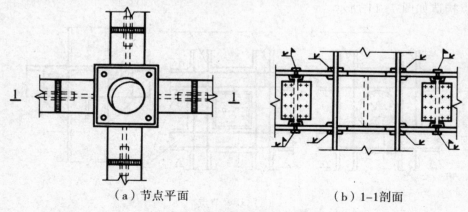

（a）节点平面　　　　　　　　（b）1-1剖面

图 7-12　带短梁内隔板式连接

（2）外伸内隔板式连接：矩形钢管内设隔板，隔板贯通钢管壁，钢管与隔板焊接；钢梁腹板与柱钢管壁通过连接板采用高强度摩擦型螺栓连接；钢梁翼缘与外伸的内隔板焊接，如图7-13所示。

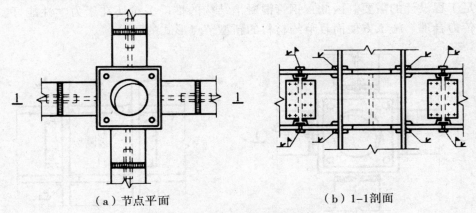

（a）节点平面　　　　　　　　（b）1-1剖面

图7-13　外伸内隔板式连接

（3）外隔板式连接：钢梁腹板与柱外预设的连接件采用高强度摩擦型螺栓连接；柱外设水平外隔板，钢梁翼缘与外隔板焊接，如图7-14所示。

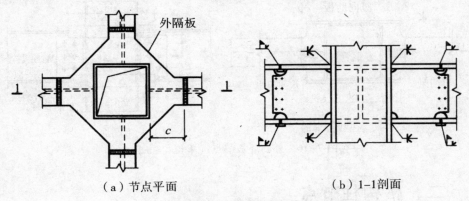

（a）节点平面　　　　　　　　（b）1-1剖面

图7-14　外隔板式连接

（4）内隔板式连接：钢梁腹板与柱钢管壁通过连接板采用高强度摩擦型螺栓连接；矩形钢管混凝土柱内设隔板，钢梁翼缘与柱钢管壁焊接，如图7-15所示。

还有一种采用外肋环板的刚接节点形式（图7-16），试验结果表明，外肋环板节点具有较好的延性、较强的塑性变形能力和能量耗散能力，在各个位移控制加载级别下强度退化不明显，节点构造设计较为合理。

综上所述，目前钢管混凝土柱-钢筋混凝土梁连接的节点虽然种类繁多，但在实际应用中仍存在节点区构造复杂、施工不便、节点刚度不足等缺陷，有些甚至削弱了采用钢管混凝土柱在施工和经济上的优势。同时随着新型建筑变化多样的结构布置和新结构体系的出现，现有节点仍不能满足工程设计的需要。因此，钢管混凝土结构的推广关键还在于力学性能好、传力合理、施工方便而且节约材料的新型节点形式的研发。

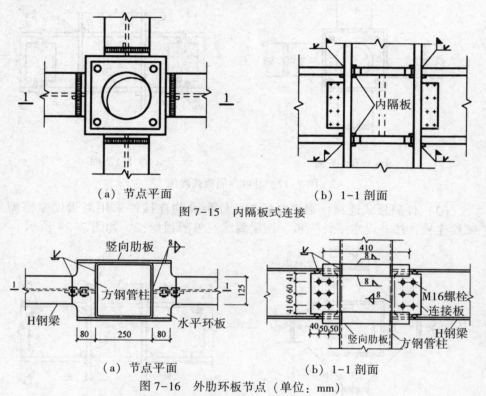

（a）节点平面　　　　　（b）1-1 剖面

图 7-15　内隔板式连接

（a）节点平面　　　　　（b）1-1 剖面

图 7-16　外肋环板节点（单位：mm）

二、格构柱节点

格构柱的缀材宜用圆钢管，直接和柱肢钢管焊接。除双肢柱和三肢柱内的双肢可采用缀板体系外，宜采用缀条体系。三肢柱的 h/b 不宜大于 2.2，如图 7-17 所示。

采用缀条体系时，缀条间的净距 a 不得小于 50mm。当不能满足时，允许缀条轴线不交于柱肢轴线，但偏心距 e 不得大于 $d/4$；此时，计算中可不考虑此偏心的影响，如图 7-18 所示。缀材长细比应不大于 150。

单层厂房等截面格构柱，可采用牛腿支承吊车梁，如图 7-19 所示。

　　单层厂房阶形格构柱，可在变截面出采用肩梁支承吊车梁和上柱，如图 7-20 所示。肩梁由腹板、平台板和下部水平隔板组成，呈工字形截面。肩梁腹板可采取穿过柱肢钢管和不穿过柱肢钢管两种形式。当吊车梁梁端压力较大时，肩梁腹板宜采用穿过柱肢钢管的形式。穿过钢管的腹板应以双面角焊缝与钢管相连接。不穿过钢管的腹板，应采用剖口焊缝与钢管全熔透焊接。腹板顶面应刨平，并和平台顶紧，依靠端面承压传力。

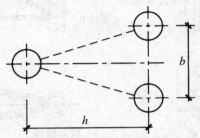

图 7-17　三肢格构柱截面形状

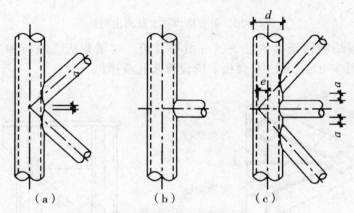

图 7-18　缀材与柱肢的连接

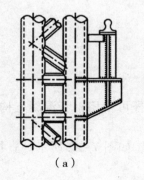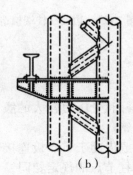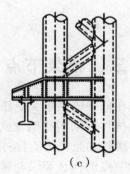

图 7-19　等截面格构柱牛腿

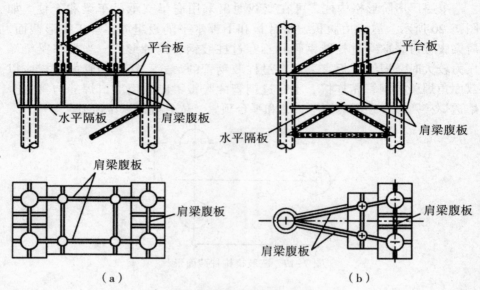

（a） （b）

图 7-20 阶形格构柱变截面出构造

支承屋架和构架梁的柱头，可由平台板、肩梁腹板、隔板和加劲肋等组成，如图 7-21 所示。平台板上应设灌浆孔或排气孔。

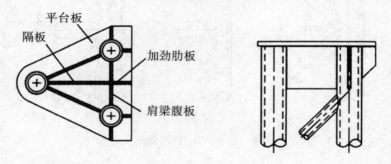

图 7-21 边列柱柱端构造

三、桁架节点

在桁架体系中，受压弦杆和受压力较大的腹杆可采用钢管混凝土构件，其他构件可采用空钢管或型钢。

腹杆和弦杆可直接连接或借助于节点板连接，如图 7-22 所示。直接连接的节点的构造要求与格构柱节点的规定相同。

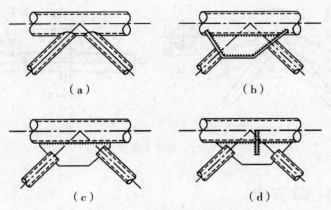

图 7-22　杆件节点连接形式

上弦节点出应做成平台，以便安放屋面构件，如图 7-23 所示。

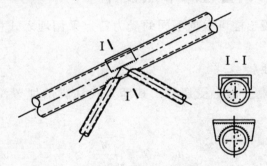

图 7-23　上弦节点

支座节点可采用如图 7-24 所示的构造，用锚栓和支座相连。

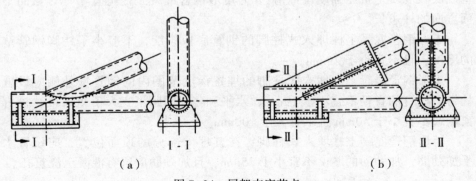

图 7-24　屋架支座节点

当桁架跨度超过 30m 时，可在跨中设置安装节点，并用法兰盘和螺栓连接，如图 7-25 所示。

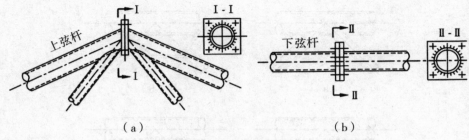

图 7-25　跨中安装节点

四、柱脚节点

（一）矩形钢管柱脚节点设计

矩形钢管混凝土柱可根据不同的受力特点采用埋入式柱脚或非埋入式柱脚。

1. 埋入式柱脚

矩形钢管混凝土偏心受压柱，其埋入式柱脚的埋置深度应符合下式规定：

$$h_B \geqslant 2.5 \sqrt{\frac{M}{bf_c}} \tag{7-27}$$

式中：h_B 为矩形钢管混凝土柱埋置深度；M 为埋入式柱脚弯矩设计值；f_c 为基础底板混凝土抗压强度设计值；b 为矩形钢管混凝土柱垂直于计算弯曲平面方向的柱边长。

矩形钢管混凝土柱埋入式柱脚的钢管底板厚度，不应小于柱脚钢管壁的厚度，且不宜小于 25mm。

矩形钢管混凝土柱埋入式柱脚的埋置深度范围内的钢管壁外侧应设置栓钉，栓钉的直径不宜小于 19mm，水平和竖向间距不宜大于 200mm，栓钉离侧边不宜小于 50mm 且不宜大于 100mm。

矩形钢管混凝土柱埋入式柱脚，在其埋入部分的顶面位置，应设置水平加劲肋，加劲肋的厚度不宜小于 25mm，且加劲肋应留有混凝土浇筑孔。

2. 非埋入式柱脚

矩形钢管混凝土偏心受压柱，其非埋入式柱脚宜采用由矩形环底板、加劲肋和刚性锚栓组成的柱脚，如图 7-26 所示。

矩形钢管混凝土偏心受压柱，其非埋入式柱脚在柱脚底板截面出的锚栓配置，应符合下列偏心受压正截面承载力计算规定：

持久、短暂设计状况

$$N \leqslant \alpha_1 f_c b_a x - 0.75\sigma_{sa} A_{sa} \tag{7-28}$$

$$Ne \leqslant \alpha_1 f_c b_a x \left(h_0 - \frac{x}{2} \right) \tag{7-29}$$

地震设计状况

$$N \leqslant \frac{1}{\gamma_{RE}} (\alpha_1 f_c b_a x - 0.75\sigma_{sa} A_{sa}) \tag{7-30}$$

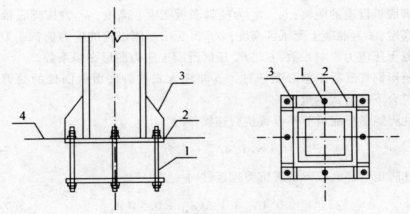

图 7-26　矩形钢管混凝土柱非埋入式柱脚
1—锚栓；2—矩形环底板；3—加劲肋；4—基础顶面

$$Ne \leqslant \frac{1}{\gamma_{RE}} \left[\alpha_1 f_c b_a x \left(h_0 - \frac{x}{2} \right) \right] \tag{7-31}$$

$$e = e_i + \frac{h_a}{2} - a \tag{7-32}$$

$$e_i = e_0 + e_a \tag{7-33}$$

$$e_0 = \frac{M}{N} \tag{7-34}$$

$$h_0 = h_a - a_{sa} \tag{7-35}$$

受拉一侧锚栓应力 σ_{sa} 可按下列规定计算：

（1）当 $x \leqslant \xi_b h_0$ 时，$\sigma_{sa} = f_{sa}$；

（2）当 $x > \xi_b h_0$ 时，

$$\sigma_{sa} = \frac{f_{sa}}{\xi_b - \beta_1} \left(\frac{x}{h_0} - \beta_1 \right) \tag{7-36}$$

（3）ξ_b 可按下式计算：

$$\xi_b = \frac{\beta_1}{1 + \dfrac{f_{sa}}{0.003 E_{sa}}} \qquad (7-37)$$

式中：N 为非埋入式柱脚底板截面处轴向压力设计值；M 为非埋入式柱脚底板截面处弯矩设计值；e 为轴向力作用点至受拉一侧锚栓合力点之间的距离；e_0 为轴向力对截面重心的偏心距；e_a 为附加偏心距；A_{sa} 为受拉一侧锚栓截面面积；f_{sa} 为锚栓强度设计值；E_{sa} 为锚栓弹性模量；a_{sa} 为受拉一侧锚栓合力点至柱脚底板近边的距离；b_a、h_a 为柱脚底板宽度、高度；h_0 为柱脚底板截面有效高度；x 为混凝土受压区高度；σ_{sa} 为受拉一侧锚栓的应力值；α_1 为受压区混凝土压应力影响系数；β_1 为受压区混凝土应力图形影响系数。

矩形钢管混凝土偏心受压柱，其非埋入式柱脚底板截面处的受剪承载力应符合下列公式的规定：

柱脚矩形环底板下不设置抗剪连接件时

$$V \le 0.4 N_B + 1.5 f_t A_{c1} \qquad (7-38)$$

柱脚矩形环底板下设置抗剪连接件时

$$V \le 0.4 N_B + 1.5 f_t A_{c1} + 0.58 f_a A_{wa} \qquad (7-39)$$

柱脚矩形环底板内的核心混凝土中设置钢筋笼时

$$V \le 0.4 N_B + 1.5 f_t A_{c1} + 0.5 f_y A_{s1} \qquad (7-40)$$

$$N_B = N \frac{E_a A_a}{E_c A_c + E_a A_a} \qquad (7-41)$$

式中：V 为非埋入式柱脚底板截面处的剪力设计值；N_B 为矩形环底板按弹性刚度分配的轴向压力设计值；N 为柱脚底板截面处与剪力设计值 V 相应的轴向压力设计值；A_{c1} 为矩形钢管混凝土柱环形底板内上下贯通的核心混凝土截面面积；A_c 为矩形钢管混凝土柱钢管壁截面面积；A_a 为矩形钢管混凝土柱钢管壁截面面积；A_{wa} 为矩形环底板下抗剪连接件型钢腹板的受剪截面面积；A_{s1} 为矩形环底板内核心混凝土中配置的纵向钢筋截面面积；f_a 为抗剪连接件的抗拉强度设计值；f_y 为纵向钢筋抗拉强度设计值；f_t 为矩形钢管混凝土柱环形底板内核心混凝土抗拉强度设计值。

矩形钢管混凝土偏心受压柱，采用矩形环板的非埋入式柱脚构造应符合下列规定：

（1）矩形环板的厚度不宜小于钢管壁厚的 1.5 倍，宽度不宜小于钢管壁厚的 6 倍。

（2）锚栓直径不宜小于 25mm，间距不宜大于 200mm，锚栓锚入基础的长度不宜小于 40 倍锚栓直径和 1000 的较大值。

（3）钢管壁外加劲肋厚度不宜小于钢管壁厚，加劲肋高度不宜小于柱脚板外伸宽度的 2 倍，加劲肋间距不应大于柱脚底板厚度的 10 倍。

（二）圆形钢管柱脚节点设计

圆形钢管混凝土柱可根据不同的受力特点采用埋入式柱脚或非埋入式柱脚。

1. 埋入式柱脚

圆形钢管混凝土偏心受压柱，其埋入式柱脚的埋置深度应符合下式规定：

$$h_B \geqslant 2.5 \sqrt{\frac{M}{0.4Df_c}} \tag{7-42}$$

式中：h_B 为圆形钢管混凝土柱埋置深度；M 为埋入式柱脚弯矩设计值；D 为钢管柱外直径。

圆形钢管混凝土柱埋入式柱脚的柱脚底板厚度应不小于圆形钢管壁厚，且应不小于 25mm。

圆形钢管混凝土柱脚埋入式柱脚的埋置深度范围内的钢管壁外侧应设置栓钉，栓钉的直径不宜小于 19mm，水平和竖向间距不宜大于 200mm。

圆形钢管混凝土柱脚埋入式柱脚，在其埋入部分的顶面位置，应设置水平加劲肋，加劲肋的厚度不宜小于 25mm，且加劲肋应留有混凝土浇筑孔。

圆形钢管混凝土偏心受压柱，其埋入式柱脚底板宜采用由环形底板、加劲肋和刚性锚栓组成的端承式柱脚（图7-27）。

圆形钢管混凝土偏心受压柱，其埋入式柱脚在柱脚底板截面处的锚栓配置，应符合下列偏心受压正截面承载力计算公式的规定（7-28）：

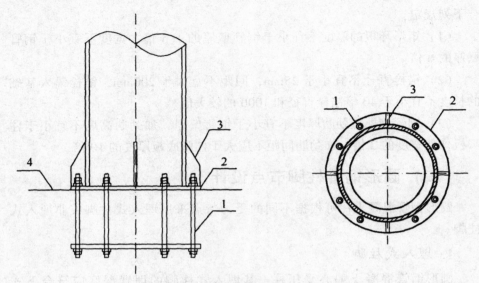

图 7-27　圆形钢管混凝土柱非埋入式柱脚
1—锚栓；2—环形底板；3—加劲肋；4—基础顶面

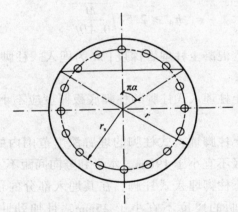

图 7-28　柱脚环形底板锚栓配置计算持久、短暂设计状况

$$N \leqslant \alpha \alpha_1 f_c A \left(1 - \frac{\sin 2\pi\alpha}{2\pi\alpha} \right) - 0.75\alpha_1 f_{sa} A_{sa} \qquad (7\text{-}43)$$

$$Ne_i \leqslant \frac{2}{3} \alpha_1 f_c A r \frac{\sin^3 \pi\alpha}{\pi} + 0.75 f_{sa} A_{sa} r_s \frac{\sin \pi\alpha_t}{\pi} \qquad (7\text{-}44)$$

地震设计状况

$$N \leqslant \frac{1}{\gamma_{RE}} \left[\alpha \alpha_1 f_c A \left(1 - \frac{\sin 2\pi\alpha}{2\pi\alpha} \right) - 0.75\alpha_1 f_{sa} A_{sa} \right] \qquad (7\text{-}45)$$

$$Ne_i \leqslant \frac{1}{\gamma_{RE}}\left(\frac{2}{3}\alpha_1 f_c Ar \frac{\sin^3 \pi\alpha}{\pi} + 0.75 f_{sa} A_{sa} r_s \frac{\sin \pi\alpha_t}{\pi}\right) \tag{7-46}$$

$$\alpha_t = 1.25 - 2\alpha \tag{7-47}$$

$$e_i = e_0 + e_a \tag{7-48}$$

$$e_0 = \frac{M}{N} \tag{7-49}$$

式中：N 为柱脚底板截面处轴向压力设计值；M 为柱脚底板截面处弯矩设计值；e_0 为轴向力对截面重心的偏心距；e_a 为考虑荷载位置不定性、材料不均匀、施工偏差等引起的附加偏心距；A_{sa} 为锚栓总截面面积；A 为柱脚地板外边缘围成的圆形截面面积；r 为柱脚底板外边缘围成的圆形截面半径；r_s 为锚栓中心所在圆周半径；α 为对应于受压区混凝土截面面积的圆心角（rad）与 2π 的比值；α_t 为纵向受拉锚栓截面面积与总锚栓截面面积的比值，当 α_t 大于 0.625 时，取 α_t 为 0；f_{sa} 为锚栓强度设计值；α_1 为受压区混凝土压应力影响系数；β_1 为受压区混凝土应力图形影响系数。

2. 非埋入式柱脚

圆形钢管混凝土偏心受压柱，其非埋入式柱脚底板截面处的受剪承载力应符合下列公式的规定：

柱脚环形低板下不设置抗剪连接件时

$$V \leqslant 0.4N_B + 1.5 f_t A_{c1} \tag{7-50}$$

柱脚环形底板下设置抗剪连接件时

$$V \leqslant 0.4N_B + 1.5 f_a A_{c1} + 0.58 f_a A_{wa} \tag{7-51}$$

柱脚环形底板内的核心混凝土中设置芯柱时

$$V \leqslant 0.4N_B + 1.5 f_t A_{c1} + 0.5 f_y A_{s1} \tag{7-52}$$

$$N_B = N\frac{E_a A_a}{E_c A_c + E_a A_a} \tag{7-53}$$

式中：V 为非埋入式柱脚底板截面处的剪力设计值；N_B 为环形底板按弹性刚度分配的轴向压力设计值；N 为柱脚底板截面处与剪力设计值 V 相应的轴向压力设计值；A_{c1} 为环形底板内上下贯通的核心混凝土截面面积；A_c 为圆形钢管混凝土柱内填混凝土截面面积；A_a 为圆形钢管截面面积；A_{wa} 为环形底板下抗剪连接件型钢腹板的受剪截面面积；A_{s1} 为环形底板内核心混凝土中配置的纵向钢筋截面面积；f_a 为抗剪连接件的抗压强度设计值；f_y 为环形底板内核心混凝土中配置的纵向钢筋抗压强度设计值；f_t 为环形底板内核心混凝土

抗拉强度设计值。

圆形钢管混凝土偏心受压柱，采用环形底板的非埋入式柱脚构造宜符合下列规定：

（1）环形底板的厚度不宜小于钢管壁厚的 1.5 倍，且不应小于 20mm。

（2）环形底板的宽度不宜小于钢管壁厚的 6 倍；且不应小于 100mm。

（3）钢管壁外加劲肋厚度不宜小于钢管壁厚，加劲肋高度不宜小于柱脚板外伸宽度的 2 倍，加劲肋间距不应大于柱脚底板厚度的 10 倍。

（4）锚栓直径不宜小于 25mm，间距不宜大于 200mm，锚栓锚入基础的长度不宜小于 40 倍锚栓直径和 1000mm 的较大值。

参考文献

［1］ 中华人民共和国住房和城乡建设部. 组合结构设计规范（JGJ 138—2016）［S］. 北京：中国建筑工业出版社，2019.

［2］ 中华人民共和国国家发展和改革委员会. 钢管混凝土结构技术规程（YB 9082—2006）［S］. 北京：冶金工业出版社，2007.

［3］ 中华人民共和国住房和城乡建设部. 钢结构设计标准（GB 50017—2017）［S］. 北京：中国建筑工业出版社，2018.

［4］ 中华人民共和国住房和城乡建设部，中华人民共和国国家质量监督检验检疫总局. 混凝土结构设计规范（GB 50010—2010）［S］. 北京：中国建筑工业出版社，2016.

［5］ 中华人民共和国国家经济贸易委员会. 钢-混凝土组合结构设计规程（DL/T 5085—1999）［S］. 北京：中国电力出版社，1999.

［6］ 同济大学，浙江杭萧钢构股份有限公司主编. 矩形钢管混凝土结构技术规程（CECS 159：2004）［S］. 北京：中国计划出版社，2019.

［7］ 中华人民共和国住房和城乡建设部，中华人民共和国国家质量监督检验检疫总局. 钢管混凝土结构技术规范（GB 50936—2014）［S］. 北京：中国建筑工业出版社，2014.

［8］ 中华人民共和国住房和城乡建设部，中华人民共和国国家质量监督检验检疫总局. 建筑结构可靠度设计统一标准（GB 50068—2018）［S］. 北京：中国建筑工业出版社，2019.

［9］ 中华人民共和国住房和城乡建设部，中华人民共和国国家质量监督检验检疫总局. 建筑抗震设计规范（GB 50011—2010）［S］. 北京：中国建筑工业出版社，2016.

［10］ 中华人民共和国住房和城乡建设部，中华人民共和国国家质量监督检验检疫总局. 钢-混凝土组合结构施工规范（GB 50901—2013）［S］. 北京：中国建筑工业出版社，2014.

［11］ 中华人民共和国住房和城乡建设部. 高层民用建筑钢结构技术规程（JGJ 99—2015）［S］. 北京：中国建筑工业出版社，2016.

［12］ 中华人民共和国住房和城乡建设部，中华人民共和国国家质量监督检

验检疫总局. 建筑结构荷载规范（GB 5009—2012）［S］. 北京：中国建筑工业出版社，2012.

［13］时炜，刘翔，万磊，等. 复杂型钢混凝土组合结构关键施工技术［M］. 北京：中国建筑工业出版社，2019.

［14］林建平. 考虑界面非连续变形的钢−混凝土组合梁桥数值模拟分析［M］. 北京：中国建筑工业出版社，2019.

［15］门进杰. 钢筋混凝土柱−钢梁组合框架结构受力性能与抗震设计方法［M］. 北京：科学出版社，2018.

［16］刘阳冰，杨庆年，王爽. 新型刚−混凝土组合结构抗震性能研究与基本力学性能分析［M］. 成都：西南交通大学出版社，2018.

［17］周学军，林彦. 外包 U 型钢混凝土组合梁理论研究与设计应用［M］. 北京：科学出版社，2018.

［18］梁炯丰. 方钢管混凝土巨型组合框架地震损伤与倒塌分析［M］. 武汉：武汉大学出版社，2015.

［19］薛建阳. 型钢再生混凝土组合结构基本受力性能与抗震设计方法［M］. 北京：科学出版社，2015.

［20］薛建阳. 钢−混凝土组合结构与混合结构设计［M］. 北京：中国电力出版社，2018.

［21］刘殿忠，郭兰慧. 钢与混凝土组合结构设计［M］. 武汉：武汉大学出版社，2015.

［22］薛建阳. 钢与混凝土组合结构设计原理［M］. 北京：科学出版社，2010.

［23］陈志华，尹越，赵秋红，等. 组合结构［M］. 天津：天津大学出版社，2017.

［24］马怀忠，王天贤. 钢−混凝土组合结构［M］. 北京：中国建材工业出版社，2006.

［25］聂建国，刘明，叶列平. 钢−混凝土组合结构［M］. 北京：中国建筑工业出版社，2005.

［26］陈世鸣. 钢−混凝土组合结构［M］. 北京：中国建筑工业出版社，2012.

［27］雷庆关. 混凝土结构基本原理［M］. 武汉：武汉大学出版社，2014.

［28］刘维亚. 钢与混凝土组合结构理论与实践［M］. 北京：中国建筑工业

出版社，2008.

[29] 王庆华，王伯昕. 钢筋混凝土结构原理与设计（上册）［M］. 北京：国防工业出版社，2015.

[30] 刘坚. 钢与混凝土组合结构设计原理［M］. 北京：科学出版社，2005.

[31] 李天. 组合结构设计原理［M］. 郑州：郑州大学出版社，2010.

[32] 吕西林. 复杂高层建筑结构抗震理论与应用［M］. 北京：科学出版社，2015.

[33] 曾凡生，王敏，杨翠如，等. 高层建筑钢结构体系与工程实例［M］. 北京：机械工业出版社，2015.

[34] 赵鸿铁. 钢与混凝土组合结构［M］. 北京：科学出版社，2001.

[35] 钟善桐. 钢管混凝土统一理论：研究与应用［M］. 北京：清华大学出版社，2006.

[36] 刘清. 组合结构设计原理［M］. 重庆：重庆大学出版社，2002.

[37] 夏冬桃. 组合结构设计原理［M］. 武汉：武汉大学出版社，2009.

[38] 陈忠汉，胡夏闽. 钢-混凝土组合结构设计［M］. 北京：中国建筑工业出版社，2009.

[39] 蔡绍怀. 现代钢管混凝土结构［M］. 北京：人民交通出版社，2007.

[40] 陈宝春. 钢管混凝土拱桥［M］. 北京：人民交通出版社，2007.

[41] 赵本露. 钢-纤维陶粒混凝土组合梁组合剪力连接件力学性能［D］. 武汉：武汉科技大学，2019.

[42] 臧兴震. 钢管约束型钢高强混凝土柱滞回性能研究［D］. 兰州：兰州大学，2018.

[43] 陈继. 钢-混凝土组合结构在桥梁工程中的应用［J］. 中国公路，2018（1）：118-119.